Jean-Pierre Dupuy

Les savants croient-ils en leurs théories ?

Une lecture philosophique de l'histoire des sciences cognitives

Une conférence-débat organisée
par le groupe *Sciences en questions*
Paris, INRA, 15 janvier 2000

Institut National de la Recherche Agronomique
147 rue de l'Université, 75338 Paris cedex 07

La collection "Sciences en questions" accueille des textes traitant de questions d'ordre philosophique, épistémologique, anthropologique, sociologique ou éthique relatives aux sciences et à l'activité scientifique. Elle est ouverte aux chercheurs de l'INRA mais aussi à des auteurs extérieurs.

Directeurs de collection
Etienne Landais, Raphaël Larrère

Le groupe de travail "Sciences en questions" souhaite favoriser la réflexion critique des acteurs de la recherche sur l'activité scientifique et ses implications. Son ambition première est d'enrichir la réflexion interne à l'INRA en l'alimentant de contributions propres à éclairer, sous une forme accessible et attrayante, les débats contemporains sur la science et la recherche.

Texte mis en forme par l'auteur, avec la collaboration d'Etienne Landais, à partir de l'enregistrement de la conférence.

© INRA, Paris, 2000 ISSN : 1269-8490 ISBN : 2-7380-0944-1

Préface

C'est une épreuve redoutable, que de présenter un ami. Lorsque tu m'as envoyé ta bibliographie, j'ai pris conscience, en outre, que les trois livres et les quelques articles que j'avais lus ne sont que des fragments qui jalonnent ton œuvre. Enfin, cette introduction m'a semblé d'autant plus délicate que, si nos chemins se sont croisés à diverses reprises, j'éprouve quelques difficultés à partager ta fascination pour les sciences cognitives... or c'est justement ce dont nous t'avons demandé de parler ici. Aussi, pour me tirer du mauvais pas dans lequel je me suis mis, je vais tâcher de m'en tenir à une présentation stroboscopique de ton itinéraire, et schématique à l'excès.

"*La vie*, as-tu écrit, *est un jardin aux sentiers qui bifurquent*" et, de fait, fidèle à la nouvelle de Borgès, ton parcours n'a cessé d'emprunter des chemins de traverse.

Entré à l'École Polytechnique "sans l'avoir choisi", au corps des Mines, pour avoir trop bien fait ce que l'on te demandait de faire, tu aurais partagé la piaule d'un ingénieur des Mines qui a lui-même partagé sa carrière entre l'atome et l'agronomie. Polytechnicien désenchanté par le monde qui séparait tes croyances positivistes et l'absurde réalité des tâches administratives qui t'attendaient, tu cherches une issue dans la formalisation économétrique. Mais, déçu par le formalisme de l'économie mathématique, te voici, selon ton expression "polytechnicien défroqué". Crise sceptique, ou relativiste, grâce à laquelle tu deviens un "intellectuel". Mais, dans la confusion des idéologies alternatives qui t'attirent, tu trouves une voie : Ivan Illich et la contre-productivité de la société industrielle. Tu mets alors ton savoir-faire d'ingénieur au service de la cause, et cela a donné quelques textes fort réjouissants. Ils prouvent, chiffres en main, que passés certains seuils critiques, les institutions de notre société produisent le contraire de ce que nous attendons d'elles, et de ce pourquoi elles ont été mises en place. La médecine rend malade, l'école rend idiot, les transports immobilisent et la communication ne produit que mutisme et surdité. Santé, culture, savoir, liberté de mouvements et de paroles ne peuvent reposer que sur l'autonomie des individus ou de petits groupes sociaux. Certes, il faut des institutions hétéronomes, sinon les hommes ne pourraient vivre ensemble. Mais leur rôle doit se limiter à favoriser les conditions matérielles et symboliques de l'autonomie. Dans la société industrielle, ces institutions hétéronomes détruisent l'autonomie. Il faut alors, pour que tienne la société, mettre en place de nouvelles institutions qui, à leur tour, détruiront l'autonomie. Je paraphrase ce que nous aurions pu dire, il y a tant d'années déjà.

1976, à Cuervanica, au cours de la dernière des réunions mexicaines qu'organisait Illich, plus semblables à ces aimables compagnies dans lesquelles Montaigne aimait à débattre qu'à des colloques, des séminaires et des *workshops*, Jean-Pierre Dupuy rencontre Heinz Von Fœrster, un des pionniers de la cybernétique. Celui-ci le convainc que, dans cet irrationnel apparent qu'est la contre-productivité de la société industrielle, il y a du rationnel. La passion formalisatrice du "polytechnicien défroqué" se réveille. Ayant lu, puis rencontré, sur les conseils de Von Fœrster, Henri Atlan et Francisco Varela, Jean-Pierre se persuade que les théories de l'auto-organisation (ou de l'*autopoiesis*), qu'ils ont conçues pour modéliser l'organisation du vivant, ont une pertinence pour penser le social. C'est comme si la contre-productivité de la société industrielle avait attendu, pour être appréhendée, ces outils que l'on avait forgés pour les sciences naturelles.

Nouvelle bifurcation, nouvelle voie – provisoire – tracée. "Entre l'autonomie des gens et des petits groupes, que défend Illich, l'autonomie du social que Castoriadis pose comme l'exigence historique de notre temps, l'autonomie du seul sujet social historique que Girard reconnaisse – la violence –, l'autonomie du vivant que cernent Atlan et Varela : n'y a-t-il pas des passerelles à établir, des chemins à frayer?"[1] . Jean-Pierre Dupuy va donc chercher le passage entre les théories de l'auto-organisation et les idéologies de l'autonomie. Peut-être est-ce celui que Michel Serres a indiqué, dans son *Passage du Nord-Ouest* ?

En 1981, Jean-Pierre organise un colloque à Cerisy[2] : "*L'auto-organisation. De la physique au politique*". Ce fut un événement important de l'épistémologie contemporaine et l'on ne saurait trop inviter à en lire les actes. La même année, avec Jean-Marie Domenach et Paul Dumouchel, il crée le Centre de recherches sur l'épistémologie et l'autonomie, qu'il va diriger jusqu'à ces dernier mois. Retour à l'École Polytechnique, qui accueille le CREA. Le CREA, la création, l'ordre qui naît du désordre. La même année (peut-être un peu plus tôt, peut-être un peu plus tard), Michel Serres publie *Genèse*, où il dit comment l'harmonie naît du bruit.

Jusqu'en 1987, le CREA va poursuivre des recherches dans deux domaines que Jean-Pierre va s'efforcer, non sans mal, de mettre en synergie : les unes portent sur l'auto-organisation du vivant, les autres sur les conceptions de l'autonomie dans la philosophie sociale et politique. S'il participe aux deux programmes, cherchant toujours les passerelles (ou le passage), c'est lors d'un séminaire organisé par le second (sur "les modèles formels de la philosophie sociale et politique"), que Jean-Pierre découvre et étudie John Rawls. Un nouveau chemin de traverse s'ouvre à lui, qui le conduira à s'orienter sur la voie de la philosophie morale.

---

1 . J.P. Dupuy : *Ordres et désordres. Enquête sur un nouveau paradigme*, Seuil, 1982 ; p. 17.

2 . Il se poursuivit en septembre à Stanford, où J.P. Dupuy enseigne la philosophie sociale et politique depuis 1984. J.P. Dupuy, P. Dumouchel (ed), *L'auto-organisation. De la physique au politique* (Actes du colloque de Cerisy), Seuil, 1983.

En 1987, pour des raisons parmi lesquelles je ne suis pas parvenu à démêler les nécessités des hasards, ni les opportunités des opportunismes, le CREA change de nom : voici le sigle rebaptisé en Centre de recherche en épistémologie appliquée. Il change aussi, du moins partiellement, de substance. C'est à la même époque que les travaux sur l'auto-organisation du CREA attirent des chercheurs – souvent formés dans des universités américaines – spécialisés en sciences cognitives. Ils y sont accueillis, au point que le CREA est aujourd'hui l'un des principaux centres de recherches cognitivistes (peut-être est-il même le principal) en France.

Tu te dis convaincu, Jean-Pierre, qu'il s'agit là d'une évolution logique, puisqu'après tout les théories de l'auto-organisation ne seraient qu'une région des sciences cognitives et qu'elles se sont développées de concert. C'est bien ce dont je doute. L'association du holisme méthodologique des premières et du réductionnisme ontologique des secondes est-elle simplement durable ? Comment, en outre, un philosophe dualiste comme toi, qui tient au monde des idées, peut-il adhérer au monisme cognitiviste, à son matérialisme radical ? C'est pourquoi je me demande si l'intérêt croissant que tu portes à la philosophie morale ne sera pas un attracteur qui t'éloignera des sciences cognitives, ou qui du moins rendra les passerelles plus difficiles à établir, plus rares donc et plus chancelantes. En d'autres termes, je me demande si tu n'es pas à une nouvelle croisée des chemins, si cette conférence s'intègre dans le bilan d'un compagnonnage déjà révolu, ou si elle est l'ébauche d'un programme nouveau.

Voilà pour ce que je sais de l'itinéraire. Mais que dire de Jean-Pierre Dupuy ? Quelles continuités établir du polytechnicien au spécialiste de philosophie morale, de l'économètre au philosophe impliqué dans le développement des sciences cognitives ? Il est possible d'en déceler trois : une ambition modulée par une inquiétude, une façon de faire et une manière d'être.

Pour l'ambition, je lui laisserai la parole. Dans une petite notice bibliographique qu'il m'a remise hier, Jean-Pierre l'expose explicitement. Sous les différents habits qu'il adopte, il "*s'efforce désespérément d'établir des ponts, ou du moins de jeter des passerelles, entre des types de pensée qui font tout pour s'éviter : la philosophie continentale et la philosophie analytique, la philosophie et les sciences de l'homme, les sciences sociales et les sciences cognitives*". S'il poursuit, en écrivant que "*son engagement philosophique résolu devrait aider à faire oublier ses origines impures : ancien élève de l'École Polytechnique, ingénieur général des Mines* (...)", ce n'est, à mon avis, que coquetterie bien compréhensible. Non seulement Jean-Pierre est resté, sinon fidèle du moins marqué par ses origines (d'où son intérêt pour la critique philosophique des fondements de la théorie du choix rationnel), mais tout impures qu'elles puissent paraître à ses yeux, elles l'ont bien aidé à construire les modèles formels de ses passerelles.

Voilà pour ce qui est de l'ambition ; pour l'inquiétude, je lui laisserai aussi la parole. Ce sont les dernières phrases de l'introduction à *Ordre et désordres*. "*L'époque est déjà lointaine*, écrivait-il ainsi en 1981, *où nous ne pouvions consacrer que nos moments perdus à des travaux qui sont à présent notre raison d'être. Le seuil critique illichien, au-delà duquel une institution devient le principal obstacle aux buts qu'elle est censée servir, est-il dépassé* ?" Combien, parmi nous, partagent cette crainte, ou celle proche qui nous prend lorsque, sachant que toute production (y compris celle des connaissances) subit la loi des rendements décroissants, nous nous apercevons que les travaux que nous avons accumulés nous placent en haut de courbe, là où la sigmoïde s'infléchit vers l'horizon ?

Une façon de faire ? Toutes les aventures intellectuelles dans lesquelles Jean-Pierre Dupuy s'est engagé sont faites de rencontres : Illich, Girard (dont j'ai trop peu parlé), Von Fœrster, Atlan, Varela, Rawls. Rencontres importantes par les traverses qu'elles lui ont fait prendre, dettes explicites d'une pensée qui s'est construite avec les autres (parfois aussi contre eux), dans une sorte de commerce incessant des idées.

Une manière d'être ? Une certaine permanence dans la diversité des engagements ? Qu'il ait été inspiré par Illich, Girard, Castoriadis, ou Rawls, qu'il se soit "coltiné" aux théories de l'auto-organisation, aux sciences cognitives ou aux théories du choix rationnel, j'ai toujours été frappé par la jubilation avec laquelle Jean-Pierre fait usage de sa raison. Enfin, si son parcours l'a conduit des Landes à l'École Polytechnique, de Paris au Mexique, du Mexique au Brésil, du Brésil à Stanford ou bien à Cerisy, Jean-Pierre est originaire de Geaune et y reste attaché. Geaune, la capitale du Tursan (il y a du Tursan blanc et du Tursan rouge, vins aimables et sans prétention), à soixante kilomètres de chez moi. Et c'est peut-être parce qu'il a cet esprit de terroir du Sud-Ouest (si manifeste dans sa cuisine), un esprit de terroir curieux et ouvert sur le monde – celui de la géographie et celui des idées – que son itinéraire peut paraître erratique à ceux qui, quand bien même auraient-ils passé leur vie dans la capitale et beaucoup voyagé, ne sont jamais sortis de leur trou.

Raphaël Larrère
Directeur de recherche INRA

Les savants croient-ils en leurs théories ?

Une lecture philosophique de l'histoire des sciences cognitives

Il y a des gens qui peuvent croire en tout ce qu'ils veulent ;
ce sont d'heureuses créatures
G. C. Lichtenberg

Introduction

"L'homme est né libre" mais partout on le voit soumis à des mécanismes. Mécanismes mentaux : les habitudes, les routines, la culture lui dictent des croyances, des attitudes et des conduites stéréotypées ; à l'extrême, névroses et psychoses l'assujettissent à des automatismes de répétition. Mécanismes sociaux : de la vendetta qui règle implacablement le cycle des actes vengeurs aux lois d'airain de l'économie marchande, les hommes se sont souvent pensés comme des êtres asservis à des processus qui les commandent depuis une extériorité fondatrice. Cette extériorité a d'abord été divinisée : quand Héraclès cède à une furie homicide et massacre tous les siens, c'est la déesse de la Rage qui l'a visité. A l'âge positif, la science a pris le relais : lorsque la Bourse entre dans une crise panique, c'est le mécanisme des anticipations qui s'est déréglé.

Les sciences de l'homme et de la société ont, tout au long de leur histoire, lorsqu'elles ne penchaient pas vers une forme ou une autre d'organicisme, pris au sérieux cette métaphore de la machine humaine et sociale. C'est le cas de la première d'entre elles, chronologiquement parlant : l'économie politique. Lorsqu'au XVIIIe siècle, en plein cœur des Lumières écossaises, Adam Smith fonde cette discipline, c'est à un immense système auto-organisé et autorégulé qu'il compare la société. A un autre bout du spectre, on sait l'usage et peut-être l'abus que le structuralisme et le post-structuralisme ont fait de la notion de machine. On se souvient de Lacan : "*La question de savoir si (la machine) est humaine ou pas est évidemment toute tranchée – elle ne l'est pas. Seulement, il s'agit aussi de savoir si l'humain, dans le sens où vous l'entendez, est si humain que ça*" ; et de conclure : "*le monde symbolique, c'est le monde de la machine*[3]."

C'est dire que l'apparition et le développement rapide de ce nouvel ensemble de disciplines que l'on recouvre sous le nom de sciences cognitives ne constituent pas la nouveauté radicale que tant leurs promoteurs que leurs détracteurs se plaisent à souligner. Ce n'est pas en mécanisant l'humain qu'elles innovent. Ce qui fait leur spécificité, c'est le type de machine qu'elles mobilisent : il ne s'agit plus de l'horlogerie de la mécanique rationnelle à laquelle a recours Adam Smith, ni des machines hydrauliques et thermodynamiques d'un Freud. Le concept de machine qui est à la base des sciences cognitives est celui qui naît dans les années 30 avec les travaux de Gödel, de Church et de Turing. C'est l'*algorithme*, ou "machine récursive", c'est-à-dire une procédure logique qui enchaîne des opérations selon des règles fixes. Mécanisme de calcul, donc, ce qui fait que l'on dit parfois que les sciences cognitives réalisent le programme que le fondateur de la philosophie moderne, Thomas Hobbes, avait annoncé en formulant au milieu du XVIIe siècle son fameux : "*Penser, c'est calculer*". Cette référence témoigne, là encore, que la nouvelle science de l'esprit, qui entend étendre la démarche physico-mathématique à un domaine qui était jusque-là l'apanage de la philosophie et de la psychologie, plonge ses racines dans l'histoire longue de l'aventure occidentale de la connaissance.

Bref, les sciences de la cognition nouvelles venues et les déjà vénérables sciences de l'homme et du social ont et devraient avoir beaucoup de choses à se dire, dans un esprit

3. *Séminaire*, 1954-1955.

de réciprocité et de respect mutuel. Ce n'est pas un hasard si deux des fondateurs des sciences cognitives, Herbert Simon, le pionnier de l'Intelligence artificielle, et Friedrich Hayek, l'un des inventeurs du concept d'auto-organisation, sont prix Nobel d'économie. Prenons deux exemples. La psychologie cognitive fait aujourd'hui grand cas de ce qu'elle appelle la capacité "méta-représentationnelle" des êtres humains, c'est-à-dire leur faculté de se mettre à la place d'autrui, de lui attribuer des états mentaux du type croyances, intentions, désirs, etc., de *simuler* ses raisonnements, de voir le monde à travers ses yeux. Sans une telle capacité, inscrite dans un substrat neurologique, la science cognitive découvre qu'il n'y aurait pas de communication humaine possible, donc de culture, ni de morale – car le premier geste de celle-ci est bien de se porter au-devant de l'autre et de forger des représentations au sujet de ses représentations. Or, cette capacité est une vieille connaissance des sciences sociales individualistes qui naissent au sein de ces Lumières écossaises déjà évoquées, par exemple dans la philosophie d'un David Hume – lequel pouvait écrire dans son Traité : "*Les esprits des hommes sont des miroirs les uns pour les autres*". La théorie de la *spéculation* financière d'un Keynes, et ses avatars récents, par exemple, découlent de cette intuition initiale.

Le deuxième exemple est à dessein très éloigné du premier. On peut défendre l'idée que les sciences cognitives participent, peut-être sans le savoir, du mouvement général de "déconstruction" de la figure classique du sujet que nous ont léguée Descartes et Leibniz. De leur ancêtre cybernétique aux développements actuels, elles nous présentent en effet le sujet individuel comme un *quasi-sujet*, c'est-à-dire comme un collectif manifestant les propriétés de la subjectivité. Lorsque je pense, je me souviens, je désire, je crois, je décide, etc., ce n'est pas un fantôme dans la machine cérébrale, un homunculus caché, qui est le sujet de ces prédicats – c'est la machine elle-même, sous la forme, par exemple, d'un réseau de neurones. Il n'y a pas de fantôme dans la machine, il n'y a pas de centre de la subjectivité, comme y insiste un Dan Dennett. Les attributs de la subjectivité sont des effets émergents produits par le fonctionnement spontané, "auto-organisé", d'une organisation complexe en forme de réseau. Les spécialistes de sciences cognitives qui défendent ce genre de thèses utilisent des expressions étranges pour les dire. Ils parlent de "*selfless selves*", d'"egos non-egoïques", de "processus sans sujet". Ce sont là des formules que des structuralistes comme Lévi-Strauss, Lacan ou Althusser, par exemple, ont employées ou auraient pu employer.

Oui, il y a matière à débats, confrontations, défis, enrichissement mutuel. Le danger, si danger il y a, tient à ceci. Pour des raisons qui tiennent aux circonstances et aux jeux de pouvoir qui accompagnent toute montée en puissance d'un nouveau champ disciplinaire, l'institutionnalisation des sciences cognitives s'est faite, dans notre pays, sous le leadership alterné des neurosciences et de l'intelligence artificielle, c'est-à-dire des biologistes et des ingénieurs, chacune de ces deux forces tentant d'arracher le pouvoir à l'autre. La lutte entre rivaux est souvent plus meurtrière pour le tiers auquel nul ne prête attention et que l'on piétine en passant que pour les rivaux eux-mêmes. Le tiers, ici, c'est la science de l'homme. Les sciences cognitives ont le vent en poupe ; on leur accorde crédits, postes, honneurs – en partie parce qu'on en attend des retombées techniques faramineuses. Dans leur ardeur de néophytes, certains de leurs champions projettent de reconstruire les sciences de l'homme en faisant table rase de tout ce qui s'est pensé jusqu'à eux. Il en résulte parfois des constructions gratuites où l'inculture le dispute à la naïveté. Il n'y a là rien de nécessaire. On pourra s'en convaincre en revenant sur certains des grands moments de l'aventure intellectuelle exaltante que constitue l'essor des sciences cognitives et en examinant quelques questions ouvertes par le défi que lancent ces disciplines aux sciences de l'homme constituées.

Première partie

Les savants croient-ils en leurs théories ?

Pour introduire mon sujet, je vais recourir à une étude de cas personnelle, qui me permettra de faire travailler devant vous l'une des catégories centrales de la philosophie de l'esprit (*philosophy of mind*), cette branche de la philosophie dite "analytique" qui encadre et informe les recherches menées en sciences cognitives. Je fais référence à la catégorie de *croyance,* dont les philosophes de la cognition nous disent qu'elle est un état mental et, plus précisément, une attitude propositionnelle, c'est-à-dire une attitude (représentée ici par le verbe "croire") dont le contenu est une proposition relative au monde.

Je m'intéresse ici à la relation très particulière qui lie croyance et vérité. Il est *constitutif* d'une croyance, nous dit-on, qu'elle se représente à elle-même son contenu comme vrai et, plus encore, qu'elle ne se juge vraie, en tant que croyance, que pour autant que son contenu est vrai. Il existe, certes, des croyances fausses, mais elles ne sont croyances que si la condition précédente est respectée. Les philosophes de l'esprit traduisent cette condition en disant que la croyance "vise" (*aims at*) la vérité.

Une façon de voir ce qu'il y a ici de singulier est de réfléchir au fameux "paradoxe de Moore". Moore fait remarquer qu'il serait absurde d'énoncer une phrase telle que :

> ***p*** est le cas, mais je crois que p n'est pas le cas
>
> [Par exemple : "Dieu n'existe pas, mais je crois que Dieu existe".]

Il n'y aurait, par contraste, aucune difficulté à affirmer :

> ***p*** est le cas, mais j'imagine que p n'est pas le cas,

ou bien :

> ***p*** est le cas, mais je fais semblant de croire que ***p*** n'est pas le cas.

Aucun problème non plus s'il s'agit de dire :

p est le cas, mais jusqu'ici j'ai toujours pensé que p n'était pas le cas,

ou encore :

p est le cas, mais Jean croit que p n'est pas le cas.

Ceci montre bien que le problème n'est pas dû à la difficulté de concevoir la possibilité de croyances fausses. Comme l'écrit Wittgenstein, lorsque nous affirmons **p**, nous affirmons que nous croyons que **p**, et réciproquement. Et cependant, ajoute le même Wittgenstein, pour qui c'est là l'essence du paradoxe de Moore, l'hypothèse que p est le cas n'est pas identique à l'*hypothèse* que nous croyons que **p** est le cas[4] . Nous pouvons fort bien dire, en effet :

*Supposons que **p** soit le cas, mais que je croie que **p** n'est pas le cas.*

La croyance vise donc la vérité. Mais, comme le souligne Peter Railton[5], cette manière de présenter les choses est trompeuse, en ce qu'elle suggère une visée de type *instrumental*, exprimable en termes de moyens et de fins. En tant qu'organismes naturels, nous chercherions à maximiser globalement le vrai comme rapport d'adéquation au monde qui nous entoure – de même qu'en tant qu'êtres moraux, nous chercherions à maximiser globalement le bien –, et la formation de croyances au sujet du monde serait un moyen efficace de réaliser cette adéquation. Or tel ne peut être le cas et il importe de comprendre pourquoi.

A un moment de sa vie, le philosophe Donald Davidson s'est vu devenir chauve : trop d'indices allaient dans le même sens, de la tonsure qui se forme sur le haut de la tête et que

---

4. Ludwig Wittgenstein, *Philosophical Investigations*, New York, Macmillan, 1953.

5. P. Railton, "Truth, Reason, and the Regulation of Belief" in E. Villanueva (ed.), *Truth and Rationality*, Philosophical Issues, 5, Atascadero, Ca., Ridgeview Publishing Company, 1994.

les coups de peigne arrivent de plus en plus mal à masquer jusqu'aux cheveux que l'on trouve de plus en plus nombreux sur la brosse chaque matin. La blessure d'amour-propre était cruelle et Davidson s'est arrangé, comme nous savons tous le faire, pour se dissimuler la gênante vérité. De sorte que l'on pouvait décrire son état mental par les deux propositions suivantes, aux contenus contradictoires :

(1) Davidson croit qu'il devient chauve ;

(2) Davidson croit que la calvitie ne le menace pas.

Davidson avait de "bonnes raisons" d'avoir la croyance exprimée par (2) : cette croyance était un moyen efficace de maximiser son bien-être ou ses satisfactions d'amour-propre. On admettra, cependant, que ces raisons *prudentielles* ou *instrumentales* ne sont pas à mettre sur le même plan que les raisons *épistémiques*[6] qui conduisent à la formation de la croyance exprimée par (1) ; mais aussi que *seules* ces raisons épistémiques ont vocation à former la croyance et que les raisons prudentielles sont en définitive de mauvaises raisons ; donc, que la croyance exprimée par (2) est une croyance fausse et irrationnelle. L'état mental caractérisé par la conjonction de (1) et de (2) est un état de *self-deception*, ou

6. Il convient en principe de distinguer "épistémique" et "épistémologique". Alors que le second terme renvoie à ce qui relève de l'épistémologie, cette discipline philosophique qui interroge les conditions de validité du discours *scientifique*, le premier désigne ce qui a trait à la *connaissance* en général, à ses mécanismes, à sa logique ou à ses fondements. Le terme "*epistemology*", en anglais, et l'adjectif qui lui correspond, "*epistemological*", recouvrent à peu près ce que le français entend par "épistémique". L'influence qu'exerce aujourd'hui la pensée anglo-américaine sur ces questions explique que la distinction entre "épistémique" et "épistémologique" tend à se perdre. Cette confusion d'ordre sémantique est bien en phase avec une tendance que nous allons analyser, qui conduit à penser les processus de la connaissance en général selon le modèle exclusif de la connaissance scientifique. L'essor des sciences cognitives est contemporain de cette tendance.

mensonge à soi-même, ou "mauvaise foi" (au sens sartrien du terme), dont Davidson, précisément, est le grand théoricien[7].

Supposons, maintenant, que, dans des circonstances particulières, le fait d'avoir aujourd'hui telle croyance que je tiens pour fausse – disons la croyance que **p** –, conduise à maximiser l'étendue de mes croyances vraies à long terme. J'ai maintenant une "bonne raison", prudentielle ou instrumentale, d'avoir la croyance que **p**, mais cette raison est, cette fois, elle aussi épistémique. C'est, dans ce cas, à l'intérieur de la seule logique de la connaissance que le conflit existe, entre des raisons épistémiques instrumentales de croire **p** et des raisons épistémiques reposant sur les données qui me sont accessibles – je les dirai "évidentielles"[8] – de croire **non-p**. Ce que le paradoxe de Moore nous apprend au sujet des croyances nous interdit de tenir les raisons épistémiques instrumentales pour pertinentes face aux raisons épistémiques évidentielles. Ce n'est qu'en arrivant à produire en soi un état irrationnel de *self-deception* que l'on pourrait, dans ces circonstances hypothétiques, maximiser ses croyances vraies, puisqu'il faudrait, tout à la fois, croire une chose et croire son contraire.

Certes, dira-t-on, mais il s'agit là d'un pur cas d'école, d'une invention de philosophes dépourvue de portée. Erreur : ce que ce cas formalise est en vérité le problème central de la philosophie des sciences (ou "épistémologie", au sens français du terme). Selon certains auteurs, il est possible de "dépasser" l'opposition entre Popper et Kuhn de la manière suivante[9]. D'un côté, un falsificationnisme "naïf" mettant en scène des savants empressés de tirer à boulets rouges sur leurs propres hardies conjectures, afin que seules les

7. D. Davidson, "Deception and Division", in J. Elster (ed.), *The Multiple Self*, Cambridge, UK, Cambridge University Press, 1986. Cf. J.P. Dupuy (ed.), *Self-Deception and Paradoxes of Rationality*, CSLI Publications, Stanford University, 1998.

8. Je me résous ici à cet anglicisme, de "*evidence*", qui signifie indice, manifestation, symptôme.

meilleures résistent à ces assauts cruels. Désintéressés, dégagés de tout préjugé ou idéologie, ces êtres rationnels cherchent la vérité sur la base des seules données de l'observation ou de l'expérience. De l'autre, une vision kuhnienne des choses selon laquelle les communautés scientifiques ont des mœurs de type villageois préindustriel, soucieuses avant tout de se plier aux normes paradigmatiques, précautionneuses, dogmatiques, attentives au qu'en-dira-t-on ; des communautés où l'attachement aux noyaux durs des programmes de recherche relève davantage de la foi religieuse que de l'adhésion rationnelle. Ou bien, pis encore, avec la version *hard* de la sociologie et de l'histoire des sciences, la vision d'un champ de bataille où l'issue des conflits dépend des seuls rapports de force, où tous les coups sont permis dès lors qu'ils rapportent au "paradigme", et surtout à ses supporters, prestige, pouvoir, postes et financements. Cette seconde représentation a certes le mérite de ne pas être naïve, mais il y a une question de base qu'elle ne songe même pas à poser, tant elle est occupée à déconstruire l'image d'une science progressant rationnellement : comment, de cette foire d'empoigne, peut-il surgir quelque chose de l'ordre de cette objectivité et de cette opérationnalité dont il est difficile de dire, sans mauvaise foi, qu'elles ne caractérisent pas l'aventure techno-scientifique ?

Il est une réponse à cette question dont le principe ne devrait pas surprendre les économistes : une explication en termes de "main invisible" – ou plutôt d'"esprit invisible", pour reprendre la suggestion de Railton[10] – pourrait bien se révéler valide. De même que, sur le marché, les vices privés engendrent les bienfaits publics, il se pourrait que des

9. Cf. P. Railton, "Truth, Reason, and the Regulation of Belief", loc. cit. Des spécialistes de l'œuvre de Popper, tels qu'Alain Boyer et David Miller, font remarquer que ce prétendu dépassement est en fait déjà chez Popper.

10. "Truth, Reason, and the Regulation of Belief", loc. cit.

scientifiques aux antipodes d'une attitude poppérienne engendrent, sans le savoir ni le vouloir, un monde poppérien. Il n'est pas très difficile d'imaginer des mécanismes qui puissent rendre compte de cet "effet pervers". La rivalité de communautés dont chacune s'accroche dogmatiquement à son paradigme, la course aux honneurs et à la reconnaissance, garantissent qu'un grand nombre de pistes seront ouvertes et poursuivies avec ténacité, ce qui permettra en principe aux meilleures d'apparaître et d'être sélectionnées ; plus vraisemblablement, en tout cas, que si des savants minés par le doute soumettaient en permanence leurs hypothèses au verdict des données de l'expérience et de l'observation. On pourrait détailler, affiner l'analyse, mais la question qui ici m'intéresse est celle des conditions de possibilité *épistémiques* d'un tel fonctionnement de la science. Que se passerait-il si les acteurs eux-mêmes se persuadaient que c'est ainsi que ce fonctionnement est orienté vers l'objectivité et la vérité ? Si la science fonctionne de cette manière, n'est-il d'ailleurs pas inévitable que ses acteurs, tôt ou tard, en prennent conscience ?

Nous serions alors exactement dans le cas de figure que nous avons envisagé. Les tenants du paradigme **p** sauraient que la raison majeure qu'ils ont de croire à son "noyau dur" n'est pas de type épistémologique évidentiel – il y a peu de chances qu'il résiste à la falsification –, mais bien de type épistémologique instrumental : ce n'est que si chacun s'accroche à son paradigme que, par les mécanismes suggérés ci-dessus, la vérité pourra émerger, par effet de système en quelque sorte. Peut-on continuer à croire en **p** dans ces conditions ? Ce que nous a appris le paradoxe de Moore nous incite à répondre par la négative. Or, si les tenants d'un paradigme cessent d'y croire, la mécanique globale d'atteinte de la vérité et de l'objectivité s'enraye.

Pour résoudre des difficultés de ce type – en particulier, celles qui ont trait aux paradoxes de la *self-deception* –, les philosophes de l'esprit ont été amenés à introduire une distinction entre deux types d'états mentaux : la *croyance* et l'*acceptation*[11]. On pourrait accepter une proposition **p** sans y croire, pour les besoins d'une cause, d'un raisonnement, parce que c'est utile de le faire, etc. Je doute, quant à moi, que cette distinction soit analytiquement bien fondée[12]. Admettons, cependant, que les tenants d'un paradigme *acceptent* celui-ci, sans vraiment y croire. Avec un peu d'introspection, nous pouvons nous avouer à nous-mêmes, savants ou philosophes, que c'est peut-être ainsi que nous avons démarré une carrière à l'intérieur de la grande aventure de l'esprit. Il est probable, alors, qu'un mécanisme psychologique qui n'est pas étranger à ce que les économistes nomment la *sunk cost fallacy* (ou "sophisme de l'amortissement") se mette en place, qui transforme tôt ou tard cette acceptation en croyance. Les efforts consentis, les années passées à travailler dans le cadre d'un modèle, d'une théorie ou d'un paradigme ne peuvent pas l'avoir été pour rien ! C'est donc que ceux-ci doivent être vrais ! Quoi qu'il en soit, si les tenants du paradigme se mettent à y croire, et non pas seulement à l'"accepter" – et ce n'est que si l'acceptation instrumentaliste fait place à la croyance que le mécanisme de l'esprit invisible se met en place – ce ne peut être pour des raisons instrumentales, paradoxe de Moore oblige. Ils croient, comme des croyants, avec la foi du charbonnier, contre les raisons évidentielles. Cependant, ils ont "raison" de croire, mais cette raison étant instrumentale, ne peut être une raison pour eux ; seulement une raison pour le système qu'ensemble

11. Cf. J.L. Cohen, *An Essay on Belief and Acceptance*, New York, Oxford University Press, 1992.

12. Ma position sur cette question, plus précisément, peut s'exprimer de la façon suivante, qui est une variation sur le paradoxe de Moore : "Je ne crois pas à la pertinence de la distinction entre croire et accepter, mais je l'accepte pour les besoins de la cause". J.P. Dupuy, "Choosing to Intend, Deciding to Believe", in Pascal Engel (ed.), *Believing and Accepting*, 2000.

ils constituent[13]. Il semblerait, en conclusion de cette analyse, que le système de la science ne puisse viser la vérité que dans la méconnaissance de son propre fonctionnement ; à tout le moins, dans une sorte de mensonge collectif à soi-même, où chacun joue double jeu, vis-à-vis des autres et, surtout, de soi-même[14].

J'ai annoncé une étude de cas personnelle. Où donc est l'aspect autobiographique, me demanderez-vous ? Eh bien, en ceci que j'aurai fondé, et dirigé pendant dix-sept ans, un centre de recherches connu pour être l'un des bastions du matérialisme pur et dur[15], alors que ma conviction profonde est que le matérialisme est faux, puisque je crois en l'existence, en l'autonomie et en l'irréductibilité de l'esprit, pour ne pas dire de l'âme. Je ne pense pas qu'il soit possible de démontrer directement la vérité d'une position résolument anti-matérialiste comme la mienne, et dont je ne dirai au demeurant rien ici. La seule façon efficace de prouver la fausseté du matérialisme, c'est donc, selon moi, de lui donner toutes ses chances, de lui permettre d'aller aussi loin qu'il le peut, en restant attentif à ses faux-pas, aux obstacles qu'il rencontre et finalement à ses limites. Toute autre méthode, consistant par exemple à fixer des bornes *a priori*,

---

13. En philosophie de l'action, l'internalisme soutient que les seules raisons d'agir ou de croire sont les raisons propres à l'agent, c'est-à-dire les raisons qu'il peut reconnaître comme siennes : son système global de croyances ; ses désirs, motivations, intentions, etc. L'externalisme admet au contraire qu'il peut exister des raisons d'agir ou de croire qui ne soient pas les raisons propres à l'agent. Quand je dis que, dans le schéma de l'"esprit invisible", les savants ont raison de croire en leur paradigme, je défends donc une position externaliste.

14. "La science ne pense pas", dit Heidegger, par quoi il faut comprendre qu'elle est, *par essence*, incapable de retour réflexif sur elle-même. L'analyse proposée ici fait de cette incapacité une propriété de la *pratique* de la science et la conséquence de mécanismes psychologiques et sociologiques.

15. Le Centre de Recherche en Épistémologie Appliquée (CREA) de l'École Polytechnique.

est vouée à l'échec. Il nous faut donc des héros du matérialisme. Je crois en avoir trouvé dans l'histoire des sciences cognitives, et de bien meilleurs d'ailleurs dans leurs débuts cybernétiques qu'à l'époque récente. Voilà pourquoi je me suis intéressé à cette histoire et je me suis arrangé pour en devenir, modestement, l'un des acteurs. Mais, me direz-vous, ce stratagème ne montre-t-il pas que l'on peut œuvrer efficacement aux progrès d'un paradigme que l'on tient pour faux, et cela, précisément, afin que sa fausseté éclate ? Mon propre cas ne démontre-t-il pas que l'analyse de la science que je viens de présenter est erronée ? Pas vraiment. D'abord, parce que je me suis soigneusement tenu, par rapport aux travaux de mes collègues, dans une position d'extériorité. C'étaient eux, les croyants, et c'est parce qu'ils croyaient qu'ils étaient bons ! En veillant à ce qu'ils soient les meilleurs possibles, pour que leur échec final soit d'autant plus significatif, je me suis situé au niveau du système de la science, dans la position de celui qui voit ce que les autres ne voient pas. Quelle arrogance, penserez-vous, couplée à tant d'hypocrisie ! Mais – et c'est la seconde raison qui fait que mon aventure intellectuelle est plutôt une confirmation de l'analyse théorique que j'ai présentée – j'ai bien peur d'avoir été *volens nolens* la proie du sophisme de l'amortissement. Pour critiquer le matérialisme, il faut s'efforcer d'être aussi fort que ses représentants les plus convaincus, ce qui exige un investissement tel que vous courez le risque de passer pour l'un de ceux-ci – que dis-je ? le risque de devenir l'un de ceux-ci. Je ne suis pas certain d'avoir su ou pu éviter le piège.

Il est une autre interprétation, que j'aurais tendance pour ma part à préférer, de l'écart qui existe apparemment entre l'analyse théorique du système de la science que j'ai proposée et ma propre pratique. Elle implique de se déprendre du concept de croyance que nous propose la philosophie analytique de l'esprit. Le double jeu, la duperie de soi, le faire semblant – ces ingrédients inévitables de l'attitude scientifique si l'on en croit l'analyse en question – ne peuvent guère se décrire, si l'on en reste à ce concept de croyance, que comme la coexistence au sein d'un même esprit de croyances aux contenus opposés. Le sujet croit que p et il croit que non-p, simultanément. On l'a vu en examinant le cas de la self-deception. Il me paraît plus juste de décrire la croyance scientifique comme la coexistence d'une croyance et d'une non-croyance. Le sujet, simultanément, croit que p et ne croit pas que p. Dans mon cas : il croit que le matérialisme est faux et, travaillant à en faire éclore toutes les potentialités, il ne croit pas que le matérialisme est faux. Pour la philosophie analytique, une telle description ne manifeste pas une contradiction du sujet, mais bien une contradiction de celui qui fait la description, elle constitue une description contradictoire, donc impossible, donc fausse. L'analyse phénoménologique de la croyance ne l'entend pas de cette oreille. Je n'en veux pour preuve que cette citation de L'Etre et le néant de Jean-Paul Sartre : "Croire, c'est savoir qu'on croit et savoir qu'on croit, c'est ne plus croire. Ainsi croire c'est ne plus croire, parce que cela n'est que croire..." Pour comprendre ce qui est en jeu ici, il faut renoncer à ce que nous avons fait mine d'accepter jusqu'à présent, à savoir que la croyance est une "attitude propositionnelle", c'est-à-dire un état mental doté d'un contenu, ce contenu ayant la forme linguistique d'une proposition portant sur le monde extérieur au mental. Pour la phénoménologie dans sa variante existentialiste, c'est se tromper sur la nature des croyances. "Mais si je sais que je crois, objecte Sartre, la croyance m'apparaît comme pure détermination subjective, sans corrélatif extérieur." Et d'affiner l'analyse : "... l'être du croire [ne peut être que] la conscience de croire. Ainsi, la croyance est un être qui se met en question dans son propre être, qui ne peut se réaliser que dans sa destruction, qui ne peut se manifester à soi qu'en se niant ; c'est un être pour qui être, c'est paraître, et paraître, c'est se nier. Croire, c'est ne pas croire."

Sartre conclut : "*Toute croyance n'est pas assez croyance, on ne croit jamais à ce qu'on croit (...), la conscience est perpétuellement échappement à soi...*[16]" Ces lignes datent de 1943. C'est l'année où, selon ma thèse, naissent les sciences cognitives avec la publication de deux articles majeurs qui vont fonder la cybernétique[17]. Le philosophe français ne pouvait que considérer avec commisération l'ambition de bâtir une science matérialiste de l'esprit sur le modèle de la physique. Peut-on, à l'inverse, tenter une analyse sartrienne du mode de croyance des scientifiques et des philosophes matérialistes qui les accompagnent ? Je ne m'aventurerai sur ce terrain qu'avec beaucoup de prudence. Mais force est de constater que le credo matérialiste se rencontre rarement dans son état pur. Il n'est pas rare d'y voir figurer comme un retour du refoulé dualiste. Cette impureté affecte principalement le courant qui reste à ce jour le courant dominant des sciences cognitives : le cognitivisme. De même que le ver dualiste s'avère être logé dans le fruit cognitiviste, nous allons voir la philosophie se cacher dans ce qui se présente comme une opération scientifique destinée à reprendre à nouveaux frais les questions qui étaient jusque là l'apanage, la chasse gardée... de la philosophie. Comme on va le constater, il y a beaucoup d'ironie et comme des ruses dans l'histoire (philosophique) des sciences cognitives.

---

16. Toutes ces citations se trouvent page 106 de la nouvelle édition (1976, coll. Tel, Gallimard) de *L'Etre et le néant*.

17. Le premier est signé Arturo Rosenblueth, Norbert Wiener et Julian Bigelow, et s'intitule : "Behavior, Purpose and Teleology". C'est la revue *Philosophy of Science* qui le publie, dans le n°1 de son volume 10, au mois de janvier 1943. Les auteurs y déconstruisent la distinction entre action volontaire et acte réflexe, en assimilant la volonté à un mécanisme de rétroaction (*feedback*). Le second article fondateur publié en 1943 est intitulé "A Logical Calculus of the Ideas Immanent in Nervous Activity" et signé par Warren McCulloch et Walter Pitts. Son ambition philosophique est considérable puisqu'il ne s'agit de rien de moins que de donner une base purement neuroanatomique et neurophysiologique au jugement synthétique *a priori*, et de fonder ainsi une neurologie de l'esprit. Nous y reviendrons.

Deuxième partie

La philosophie dans le cheval de Troie des sciences cognitives

Penser, c'est calculer (I) : la machine de Turing

Il est bien connu que le paradigme classique en sciences cognitives s'est développé autour de la "métaphore de l'ordinateur", selon laquelle l'esprit serait une machine à traiter de l'information. C'est le genre d'antienne que l'on répète beaucoup trop, car cette métaphore n'était nullement nécessaire et, en vérité, les choses ont commencé avant que l'ordinateur existe. On peut même arguer que c'est toute la progression de la science en Occident qui culmine et est synthétisée dans la représentation de l'activité de connaître que nous donnent aujourd'hui les sciences cognitives.

Connaître, selon le mode scientifique, rationnel de connaissance, c'est produire un *modèle* du phénomène et effectuer sur lui des manipulations réglées. Le rôle du modèle est *d'abstraire* de la réalité phénoménale le système des relations fonctionnelles qu'il juge seules pertinentes, mettant pour ainsi dire entre parenthèses tout ce qui ne relève pas de ce système et, en particulier, le nombre, l'identité et la nature des éléments qui sont en relation. C'est ainsi que le même modèle peut représenter la structure du système solaire ou celle de l'atome de Rutherford. Le rôle que jouent les diverses formes de *fonctionnalisme* en science a sa source dans la pratique universelle de la modélisation. Inversement, tout modèle est susceptible de *réalisations matérielles multiples*. Des domaines très différents de la réalité phénoménale, comme l'hydrodynamique et l'électricité, la lumière et les vibrations sonores, peuvent être traités comme incarnant un même modèle. Le modèle est comme une forme abstraite, platonicienne, qui vient à se réaliser dans les phénomènes.

Pour l'activité scientifique, donc, toute connaissance est reproduction, représentation, répétition, simulation. Les sciences cognitives font de ce mode le mode unique de toute connaissance. Pour elles, tout "système cognitif" se rapporte au monde comme le savant à son objet. On ne s'étonne pas que la notion de *représentation* occupe une place centrale dans la science de la cognition. L'analogie, cependant, est encore plus profonde. Soit un système cognitif matériel : savant, homme, animal, organisme, organe, machine. Ce qui fait que ce système connaît par modèles et représentations doit pouvoir lui-même être modélisé en abstrayant du substrat matériel chaque fois différent le système de relations fonctionnelles responsable de la faculté de connaître. Le fonctionnalisme de la science de la cognition se situe donc à (au moins) deux niveaux logiquement emboîtés : celui de la représentation élémentaire et celui de la représentation de la faculté de représentation. C'est à ce second niveau qu'une science de la cognition peut tout à la fois se déclarer matérialiste ou physicaliste et revendiquer son autonomie par rapport aux sciences de la nature (et de la vie). L'esprit, compris comme le modèle de la faculté de modéliser, a retrouvé sa place dans l'univers matériel. Ou, pour le dire en d'autres termes, aujourd'hui plus familiers, il y a de l'information (et même du sens) dans le monde physique. Les facultés de l'esprit ne sont jamais que les propriétés de systèmes à traiter de l'information.

Connaître, c'est effectuer, sur des représentations, des manipulations réglées. Cette proposition est fidèle à l'esprit du paradigme dominant en sciences cognitives et cependant, il lui manque l'essentiel. L'essentiel, c'est la nature *logique* des manipulations et des règles en question. C'est la logique qui va permettre de formaliser la notion intuitive d'une procédure automatique, soumise à des règles fixes, totalement maîtrisable par la raison, n'impliquant ni sens, ni interprétation, ni créativité.

Dans les années 30, plusieurs définitions sont proposées pour cerner la notion intuitive de *calculabilité effective*. Elles se révèlent toutes équivalentes, ce qui donne à penser qu'elles recouvrent toutes, chacune à sa manière, un véritable objet. Il manque cependant à ce bouillonnement d'idées un élément décisif. Cette notion de calculabilité effective que l'on cherche à cerner, où n'entre que de l'exécution aveugle et automatique, c'est manifestement le fonctionnement d'une *machine* qui en donne l'image la plus claire. C'est à Alan Turing que nous devons d'avoir pris cette métaphore mécanique au sérieux.

Dans un article célèbre de 1936[18], Turing propose une formalisation mathématique de la notion abstraite de machine. Suivant la tradition, on appellera le modèle formel ainsi défini "machine de Turing". Turing lui-même est persuadé qu'il a, avec ce concept, dégagé l'essence de la procédure mécanique. La thèse qu'il énonce est que toute procédure mécanique est modélisable par une machine de Turing ; ou, puisque ces procédures sont "fonctionnelles" (aux deux sens du mot : l'un qui renvoie au fonctionnalisme précédemment défini, l'autre à la fonction mathématique) et qu'il s'agit en définitive de calcul : toute fonction calculable mécaniquement est calculable par une machine de Turing. Cette "thèse de Turing" n'est qu'une thèse, qui ne peut être démontrée puisque la calculabilité mécanique est une notion vague, intuitive, tandis que la "Turing-calculabilité" est définie formellement.

Une machine de Turing comprend trois organes : la machine *stricto sensu*, susceptible à tout moment (le temps est discrétisé) de se trouver dans un état, dit "état interne", appartenant à une liste finie ; un ruban illimité dans les deux sens, représentant la mémoire de la machine : ce ruban est divisé

18. "On Computable Numbers, with an application to the *Entscheidungsproblem*", *Proc. London Math. Soc.*, p. 42-43 ; repris in M. Davis (ed.), *The Undecidable*, 1965.

en cases, chacune d'entre elles comportant ou non une certaine marque ; et enfin, une tête de lecture-écriture-effacement capable de réaliser les opérations suivantes : placée devant l'une des cases, elle lit si celle-ci contient la marque ou non ; elle peut effacer la marque si elle existe, ou l'inscrire dans le cas contraire ; elle peut se déplacer d'une case vers la droite ou vers la gauche.

Le fonctionnement de la machine est régi par un tableau invariant. En entrée, nous y trouvons la "configuration" de la machine, c'est-à-dire le couple constitué à un moment donné de l'état interne et du contenu de la case lue (présence ou absence de la marque). En sortie, complètement déterminés par la configuration d'entrée, nous avons les trois mouvements effectués par la machine qui la mènent au moment suivant : son changement (éventuel) d'état interne ; le maintien ou le changement du contenu de la case lue ; le déplacement (ou l'absence de déplacement) de la tête. Enfin, certaines configurations d'entrée donnent à la machine l'instruction de s'arrêter.

Moyennant codage, une machine de Turing donnée, à laquelle correspond un certain tableau, réalise une fonction numérique particulière. L'argument entier de la fonction est représenté par les marques qui figurent sur le ruban lorsqu'on lance la machine ; celle-ci, étape après étape, actualise, suivant ses instructions, l'état du ruban ; lorsque la machine s'arrête (si c'est le cas), celui-ci donne, après décodage, la valeur de la fonction pour l'argument de départ. La machine de Turing est donc une calculatrice arithmétique. Or, en 1931, Kurt Gödel a montré que le raisonnement logique, ce summum de la pensée, peut être arithmétisé : il est équivalent de raisonner logiquement sur des formules de l'arithmétique (en démontrant par exemple que telle formule est prouvable à partir de tel ensemble de formules prises comme prémisses) et de calculer sur des nombres entiers. La machine de Turing est donc beaucoup plus que l'incarnation de l'idée de calcul (effectif). Puisque la logique est arithmétisable, la machine de

Turing est aussi un calculateur symbolique. Elle constitue le modèle de la pensée symbolique.

Le cognitivisme classique

On affirme fréquemment que le projet des sciences cognitives consiste à donner une réponse scientifique, donc matérialiste, au vieux problème philosophique des rapports de l'âme et du corps. La révolution conceptuelle introduite par la machine de Turing a en effet servi de base à une solution fonctionnaliste au problème des rapports entre la matière et la pensée. S'appuyant sur les travaux des maîtres de l'intelligence artificielle, tels Herbert Simon et Alan Newell, défendu et promu par des "philosophes de l'esprit" aussi exaltés que Jerry Fodor et Zenon Pylyshyn, ce "*fonctionnalisme computationnel-représentationnel*" revient à prendre au pied de la lettre la "métaphore de l'ordinateur" – l'ordinateur, cette machine de Turing incarnée dans des circuits électroniques. L'esprit, ou plutôt chacune de ses facultés particulières (par exemple : la capacité de former le concept général de triangle et de subsumer des occurrences triangulaires particulières sous ce concept), est conçu comme une machine de Turing opérant sur les formules d'un *langage interne*, privé, analogue à un langage formel en logique. Les *symboles* (ce qui est écrit sur le ruban de la machine) ont un triple mode d'existence. Ils sont *matériels* (incarnés dans la neurophysiologie) et donc soumis aux lois de la physique (d'abord soumis à celles de la neurophysiologie, mais celle-ci est supposée pouvoir être réduite à celle-là) ; ils ont une *forme*, et en tant que tels, ils sont régis par des règles syntactiques (analogues aux règles d'inférence dans un système formel au sens de la logique) ; ils sont enfin dotés de sens et ont une valeur *sémantique*. L'abîme qui semble séparer le monde physique du monde des significations est franchi grâce au niveau intermédiaire que constitue la syntaxe, c'est-à-dire le monde des processus mécaniques, celui précisément dans lequel l'abstraction qu'est la machine de Turing est opérante.

Le parallélisme entre processus physiques soumis à des lois causales et processus mécaniques réalisant des opérations de calcul, ou syntactiques, ou inférentielles, ne fait pas mystère dès lors qu'on se convainc qu'il existe dans le monde matériel des machines de Turing incarnées : l'ordinateur, certes, mais aussi tout processus naturel pouvant être considéré comme récursif. Le parallélisme entre syntaxe et sémantique est garanti quant à lui par les théorèmes logiques de consistance et de *complétude* : les processus mécaniques qui réalisent les règles syntactiques maintiennent la cohérence interne des représentations symboliques, ainsi que leur adéquation à ce qu'elles représentent. Maintien ne veut évidemment pas dire création, et l'une des pierres d'achoppement de ce modèle informatique est la question de savoir comment le sens vient aux symboles. Le fonctionnalisme turingien constitue le cœur de ce qu'on appelle le "*cognitivisme*", qui est encore aujourd'hui le paradigme dominant dans les sciences de la cognition. Il est l'objet de nombreuses et profondes critiques, les plus sévères provenant parfois de ceux qui ont été parmi ses fondateurs.

La pensée, cette activité psychique, cette faculté de l'esprit ayant la connaissance pour objet, n'est rien d'autre finalement qu'un processus mécanique réglé, un automatisme "aveugle" – faut-il ajouter "bête" ? S'agit-il de dévaluer l'Homme ? d'élever la machine ? ou, au contraire, de faire de l'homme un démiurge capable de créer un cerveau ou un esprit artificiel ? Chacune de ces interprétations a sans doute sa part de vérité, plus ou moins grande selon les individus et les époques.

Les zélateurs, les idéologues, vont donner de la thèse de Turing des versions de plus en plus fortes, exprimées dans des termes de plus en plus imprécis. On la présentera comme quelque chose de démontré. "Des découvertes logiques prouvent qu'il n'y a rien d'inconcevable dans l'idée d'une machine (ou de matière) pensante" : ce genre d'affirmation, littéralement fausse ou privée de sens, puisque, encore une fois, on n'est pas ici dans l'ordre du démontrable, se retrouve jusque sous la plume des meilleurs. On dira aussi : tout ce que l'esprit humain peut accomplir et qui peut être décrit avec précision, sans ambiguïté, en un nombre fini de mots, est exécutable par un ordinateur convenablement programmé ; ou encore (en 1965, sous la plume de Herbert Simon) : "*En l'espace de vingt ans, les machines seront capables d'effectuer toutes les tâches, quelles qu'elles soient, que peuvent effectuer les hommes.*"

Il serait facile d'ironiser. Les années ont infligé un démenti cinglant à cette déclaration présomptueuse et vaine. Ne soyons pas trop sévères. Pour accomplir ce qui l'a été, et qui n'est pas négligeable, il fallait ce que Karl Popper a appelé un "programme métaphysique de recherche", sorte d'acte de foi qui fournit principes, cadre de pensée et surtout impulsion à l'investigation scientifique. La thèse de Turing, en dépit, ou plutôt à cause des dérives idéologiques auxquelles elle se prête aisément, a su rallier suffisamment d'énergies et d'intelligences pour que naisse une science matérialiste et mécaniste de l'esprit.

Penser, c'est calculer (II) : la machine de McCulloch

En fait, bien avant que la machine de Turing fût mobilisée au service d'une solution mécaniste au problème de la matière et de l'esprit, un pas spectaculaire avait été accompli dans la même direction, par deux des fondateurs de la cybernétique, le neuropsychiatre Warren McCulloch et le mathématicien Walter Pitts. Dans leur article de 1943 intitulé "*A Logical Calculus of the Ideas Immanent in Nervous Activity*"[19], ils démontrent l'existence d'une machine logique équivalente à

19. Repris dans le recueil des œuvres de McCulloch, *Embodiments of Mind*, The MIT Press, 1965.

celle de Turing (au sens que tout ce que peut faire l'une, l'autre peut le faire et réciproquement), qui peut être considérée dans sa structure et dans son comportement comme une idéalisation de l'anatomie et de la physiologie du cerveau. Ce résultat, dans l'esprit de McCulloch tout au moins, constitue une avancée décisive, puisque ce n'est pas seulement le cerveau dans sa fonction (l'esprit), mais aussi le cerveau dans sa structure, le cerveau matériel, naturel, biologique, qui est assimilable à un mécanisme et, plus précisément, à une machine de Turing. C'est ainsi que le cybernéticien pense résoudre le vieux problème de l'âme et du corps ou, dans ses termes, de l'"*Embodiment of Mind*". Le cerveau et l'esprit sont l'un et l'autre une machine, et c'est la même machine. Le cerveau et l'esprit, donc, ne font qu'un.

Le modèle de McCulloch se présente sous la forme d'un réseau de neurones idéalisés. Chaque neurone reçoit ou non de ses voisins des impulsions, et lui-même est mis à feu si et seulement si une somme pondérée des 1 ou 0 qui codent l'existence ou l'absence d'une impulsion dans les synapses afférentes est supérieure à un certain seuil, dit seuil d'excitation. En d'autres termes, ceux du calcul des propositions, chaque neurone idéalisé est un calculateur arithmétique élémentaire, qui compute une fonction booléenne à seuil. Le cerveau tout entier est représenté comme un réseau d'interconnexions entre de tels calculateurs.

De 1943 à 1963, seul ou en collaboration avec Pitts, McCulloch allait continuer à explorer les possibilités de sa machine logique, convaincu qu'il était, par la thèse de Turing, de sa capacité à faire preuve de toutes les facultés attribuées à l'esprit : perception, pensée, mémoire, formation des concepts, connaissance et reconnaissance des universaux, volonté et même conscience. Plus tard, la recherche sur les propriétés de ce modèle allait se heurter à la montée en puissance de l'intelligence artificielle, qui s'engageait sur des voies très différentes. Alors que les recherches sur la machine de McCulloch et ses avatars (comme le fameux "Perceptron" de Frank Rosenblatt) conservaient l'ambition de modéliser l'intelligence naturelle et maintenaient le contact avec la neurologie, les recherches en intelligence artificielle se délivraient de cette contrainte et liaient leur sort au développement des ordinateurs. Si les unes comme les autres assimilaient la pensée au calcul, les premières continuaient de situer les opérateurs de ce calcul au niveau neuronal, tandis que les secondes leur fixaient pour domaine un niveau psychologique dont elle postulait l'autonomie, celui des représentations mentales – ce qui allait constituer, comme on l'a vu ci-dessus, la marque distinctive de la science cognitive orthodoxe, ou "cognitivisme".

Le connexionnisme

Le début des années 80 aura cependant été témoin d'un renouveau très puissant des recherches sur les réseaux de neurones, nommés "neurones formels". L'occasion en a été l'application à ces réseaux de méthodes de traitement issues de la physique des systèmes désordonnés et, plus spécialement, de la théorie des "verres de spin" – laquelle traite du comportement collectif des atomes aimantés d'un cristal lorsqu'il est soumis à un champ magnétique extérieur. La richesse des propriétés que ces techniques, qui s'inspirent parfois de la thermodynamique, révèlent dans les réseaux neuronaux est sans commune mesure avec ce qu'on pouvait en dire dans les années 40 et 50. Ces propriétés peuvent s'interpréter en termes cognitifs : les réseaux sont capables d'"apprendre", de "reconnaître" des formes, de "mémoriser" par association, etc. Tant et si bien que ce courant de recherches, baptisé *connexionnisme*, se pose aujourd'hui en principal rival de l'intelligence artificielle orthodoxe, laquelle s'est entre temps considérablement essoufflée, comme si elle avait atteint son seuil de compétence.

Une bonne partie des débats qui agitent à présent les sciences cognitives relève de l'affrontement entre les deux modèles, promus au rang de paradigmes : un cognitivisme orthodoxe pour qui penser, c'est calculer comme un ordinateur, c'est-à-dire sur des symboles qui ont à la fois une réalité matérielle et une valeur sémantique de représentation ; le paradigme des réseaux neuronaux, pour qui penser, c'est calculer comme le font ces réseaux, de façon massivement parallèle, les comportements intéressants n'apparaissant qu'au niveau collectif, en "émergeant" du système des interactions entre computeurs élémentaires simples. Ce qui se fait de plus novateur aujourd'hui en intelligence artificielle porte sur l'articulation entre ces deux paradigmes.

Philosophie de l'esprit

Ce qui tient ensemble aujourd'hui les multiples programmes de recherche que l'on regroupe sous le nom de "sciences cognitives" est le travail philosophique qui est fait à leur propos. Sans la philosophie "cognitive", il y aurait des travaux en psychologie, en linguistique, en neurobiologie, en intelligence artificielle – il n'y aurait pas de science de la cognition. C'est la philosophie qui réfléchit et systématise la ou les attitude(s) de base qui constituent le seul lien social à l'intérieur du domaine. L'existence d'un lien social n'implique aucunement qu'il y ait un paradigme unique – on a vu qu'il y en avait au moins deux, le paradigme cognitiviste classique ou orthodoxe, et le connexionnisme. Mais le choc entre ces deux modèles est lui-même créateur de solidarités. Ceux qui s'affrontent dans les controverses qui ponctuent l'histoire du champ se reconnaissent finalement moins comme adversaires que comme membres d'une même famille élargie. Or l'arbitre qui discipline, règle et finalement juge ces affrontements, c'est le philosophe.

Comme je le disais en commençant, il y a beaucoup d'ironie dans cette histoire. Les sciences cognitives se présentent volontiers comme la reprise à nouveaux frais par la science des questions philosophiques les plus anciennes concernant l'esprit humain, son organisation, sa nature, les relations qu'il entretient avec l'organisme (le cerveau), avec autrui et avec le monde. Mais l'identité de ce qui se donne pour science de l'esprit reste profondément philosophique. Cette science qui parle au nom des sciences et des techniques qui composent le domaine, et auxquelles elle apporte ce supplément d'âme (ou d'esprit) qui les réunit les unes aux autres, est en réalité une philosophie. C'est une philosophie qui se glisse à l'intérieur du cheval de Troie des sciences et des techniques pour investir le domaine de l'esprit, et en chasser les intrus qui occupaient encore la place : d'autres philosophies – principalement les philosophies de la conscience, la phénoménologie, l'existentialisme –, d'autres psychologies – comme le béhaviorisme et la psychanalyse –, d'autres sciences – singulièrement les sciences sociales et les sciences de l'homme de type structuraliste.

Quelle est donc cette philosophie "cognitive" ? Le nom qu'elle se donne à elle-même est : "philosophie de l'esprit" (*philosophy of mind*). C'est aujourd'hui la branche la plus active et la plus florissante de la philosophie analytique. Il est bien connu que celle-ci est fondamentalement une philosophie du langage. L'alliance de la philosophie analytique et des sciences cognitives aura produit une théorie de l'esprit de type psycholinguistique. C'est sur la question des représentations que ce trait est le plus visible.

Pour la philosophie de l'esprit, un "état mental" représente quelque chose dans la mesure où il a un contenu et où ce contenu porte sur le monde. Un terme technique désigne cette capacité représentative des états mentaux : ils sont dits "intentionnels". L'intentionnalité des états mentaux, dit-on encore en anglais, c'est leur "*aboutness*" : le fait qu'il sont *à propos* de certains objets. Ces objets sont d'une autre nature que les états mentaux, ce sont des choses en soi (ou des propriétés de ces choses, ou encore des relations entre plusieurs d'entre elles).

Si l'objet de la représentation est la chose en soi, cet objet, la chose en soi, ne peut certainement pas constituer le *contenu* de la représentation. Lorsque je pense que j'ai oublié de cadenasser mon vélo, celui-ci ne se trouve pas contenu, avec son métal et son cuir, dans mon esprit. La chose en soi n'existe pas dans la représentation, elle en est constitutivement absente. Quelle est donc la nature du contenu de la représentation ? C'est la réponse que la philosophie de l'esprit apporte à cette question qui continue d'en faire une philosophie du langage. Cette réponse est en effet linguistique, et cela à deux niveaux. Soit ces états mentaux qui, pendant longtemps, ont capté l'attention des sciences cognitives et que l'on nomme, depuis Bertrand Russell, "attitudes propositionnelles". J'ai commencé mon exposé, à dessein, par examiner le cas des croyances. Comme leur nom l'indique, ces attitudes propositionnelles sont censées relier une "attitude psychologique" du type : "croire que", "désirer que", "craindre que", "avoir l'intention de", etc., à une proposition portant sur le monde. Dans la version fonctionnaliste, computationnelle et représentationnelle, de la philosophie de l'esprit telle qu'elle est défendue par un Jerry Fodor ou un Zenon Pylyshyn, cette proposition s'exprime dans une phrase du "langage de la pensée", langage privé dont les symboles s'inscrivent dans la matière du cerveau.

Cette hypothèse du langage de la pensée n'est certes pas partagée par tous les philosophes de l'esprit, loin de là ; mais tous, ou presque, admettent que le critère de l'"intentionnalité" du mental est linguistique, à un second niveau : les phrases de la langue *publique* à laquelle nous avons recours pour attribuer à autrui des états mentaux doués de contenu, ces phrases, donc, possèdent la propriété d'être *intensionnelles.* On entend par là qu'elles violent les règles de l'extensionnalité logique, la première de ces règles étant la généralisation existentielle. De la vérité de : "*La vache de Maurice broute dans le pré*", on infère qu'il existe nécessairement un pré dans lequel broute la vache de Maurice. En revanche, ni la vérité ni la fausseté de : "*Maurice croit que les dahus sont plus gras en Savoie que dans les Dolomites*" ne permettent de conclure à l'existence ou à l'inexistence des dahus.

La seconde règle violée par une phrase intensionnelle est la substituabilité de termes ayant la même référence. Untel, qui ne sait pas que "*Tegucigalpa est la capitale du Honduras*", sait en revanche que "*la capitale du Honduras est la capitale du Honduras*". Or on passe de la première phrase à la seconde en remplaçant le terme "Tegucigalpa" par un terme qui a le même référent, à savoir "la capitale du Honduras". C'est cette propriété que Willard Van Orman Quine a rendue fameuse sous le nom d'"opacité référentielle". Mais c'est en fait un autre philosophe américain, Roderick Chisholm, qui, dans un livre publié en 1957 sous le titre *Perceiving*[20], a le premier proposé cette interprétation linguistique de l'intentionnalité. Il prend l'exemple suivant : "*La plupart d'entre nous savions en 1944 que Eisenhower était l'homme qui avait le commandement ; mais bien qu'il fût (identique à) l'homme qui allait succéder à Truman, il n'est pas vrai que nous savions en 1944 que l'homme qui allait succéder à Truman était celui qui avait le commandement.*"

Une grande partie des difficultés que rencontre la philosophie de l'esprit aujourd'hui provient de ce choix initial. Bon nombre de ses représentants acceptent la caractérisation linguistique de l'intentionnalité tout en s'efforçant de la "naturaliser" – c'est-à-dire d'en fournir une analyse fondée en

---

20. R.M. Chisholm, *Perceiving : A Philosophical Study*, Ithaca, Cornell, 1957.

dernière instance sur les lois de la physique. Le problème est qu'ils souhaitent conserver dans cette entreprise "physicaliste" quelque chose que la psychologie ordinaire tient pour acquis, à savoir que les contenus des états mentaux ont une pertinence causale dans l'explication de nos comportements. Si Maurice est allé en Savoie plutôt que dans les Dolomites chasser le dahu, c'est *parce qu*'il croyait qu'il y trouverait des animaux plus dodus. L'obstacle a paru jusqu'ici insurmontable, parce que la philosophie de l'esprit s'est convaincue que le contenu sémantique d'un état mental, apprécié par ses conditions de vérité et de référence, dépend de tout l'environnement physique et social du sujet ; or si ce contenu a un pouvoir causal au sens de la physique, ce pouvoir ne semble concevable que s'il découle des propriétés intrinsèques de l'état mental. Le prix à payer pour naturaliser la théorie de la connaissance paraît donc être de priver les propriétés et les faits mentaux de toute efficacité causale en tant qu'ils sont mentaux – en faisant ainsi de purs "*épiphénomènes*".[21]

L'une des configurations théoriques les plus originales que l'effort pour surmonter l'obstacle a suscitées est le "*monisme anomal*" de Donald Davidson, exposé dans un article de 1970, "*Mental Events*"[22]. Davidson postule que tout *événement* mental est identique à un événement physique ; en revanche, il n'y a pas de relation d'identité entre classes, ou types, d'événements mentaux et classes, ou types, d'événements physiques. Les propriétés, mentales ou physiques, étant précisément des classes d'événements singuliers, cette position philosophique combine un monisme ontologique – "il n'y a", en dernière instance, que des événements physiques – et un

21. Pour une vue d'ensemble de ce problème et des diverses positions théoriques qu'il a engendrées, on étudiera avec profit le livre de Pascal Engel, *Introduction à la philosophie de l'esprit*, La Découverte, Paris, 1994.

22. Repris dans D. Davidson, *Essays on Actions and Events*, Oxford University Press, 1980 ; trad. fr. par Pascal Engel, *Actions et événements*, PUF, 1994.

dualisme des concepts et des propriétés : les concepts mentaux sont irréductibles aux concepts physiques. Ce monisme non réductionniste est "anomal" ou non nomologique[23] dans le sens suivant. Les événements mentaux causent d'autres événements mentaux et des événements physiques, mais ce que la *relation* de causalité relie, ce sont les événements en tant qu'événements du monde, indépendamment de la description, mentale ou physique, que nous en donnons. La relation causale est donc extensionnelle, et elle est sous-tendue par une loi de la physique. En revanche, une *explication* qui fait intervenir des propriétés ou des concepts mentaux, à l'instar des explications fournies par la psychologie ordinaire, ne peut qu'être intensionnelle, et par là même, elle ne fonde, elle n'instancie aucune loi déterministe stricte au sens de la physique. D'où son caractère "anomal". En bref, il y a donc une autonomie explicative des concepts psychologiques ou mentaux, mais, ontologiquement, la causalité comme relation ne fait pas intervenir le mental en tant que mental. Celui-ci reste un épiphénomène – on n'ose dire une "superstructure".

Rapprochant diverses tentatives de donner corps à un matérialisme naturaliste, dont le fonctionnalisme et le monisme anomal, Pascal Engel écrit : "*Ce double souci de réduction des concepts mentaux à des concepts acceptables du point de vue d'une psychologie scientifique et de maintien d'une autonomie de ces concepts illustre en fait le dilemme permanent d'une théorie matérialiste de l'esprit. En effet, plus la réduction est réussie, c'est-à-dire plus on parvient à "expliquer" les concepts mentaux en termes "physicalistes" ou "naturalistes", moins nos concepts mentaux usuels, ceux de la psychologie du sens commun et de notre conception pré-théorique de l'esprit apparaissent corrects, et plus on est tenté d'"éliminer" les seconds au profit des premiers, et de considérer qu'il n'y*

23. Du grec *nomos*, qui signifie "loi".

a tout simplement pas de croyances, de désirs, de sensations, etc. En d'autres termes, le matérialisme oscille sans cesse entre ses versions "éliminativistes" *et ses versions* "non réductionnistes". *Le projet d'une philosophie de l'esprit "naturalisée" oscille pareillement entre ces deux tendances*"[24]. A quoi l'on peut ajouter que les versions non réductionnistes flirtant bien souvent avec des formes déguisées de dualisme, l'instabilité soulignée par Engel est encore plus forte qu'il ne le dit. C'est ce que souligne John Searle à propos de l'intelligence artificielle et du fonctionnalisme : "*L'intelligence artificielle dans sa version forte ne prend sens que par rapport à l'hypothèse dualiste selon laquelle, pour qui s'intéresse à l'esprit, le cerveau n'a pas d'importance. En intelligence artificielle, aussi bien que pour le fonctionnalisme, ce qui compte, ce sont les programmes, et les programmes sont indépendants de leur réalisation dans des machines (...). C'est seulement si l'on croit que l'esprit est séparable du cerveau à la fois conceptuellement et empiriquement – c'est-à-dire si l'on est dualiste dans un sens fort – que l'on peut former l'espoir de reproduire le mental en écrivant et en faisant tourner des programmes, puisque les programmes doivent être indépendants des cerveaux ou de toute autre forme d'instantiation*"[25]. Quine, pour sa part, bien que soutenant le monisme anomal de Davidson, n'est pas en reste pour souligner tout ce que ce prétendu "monisme" comporte de dualisme : "*L'ancien dualisme de l'esprit et du corps peut donc subsister, transmué et transplanté en un dualisme des concepts ou du langage. Comme tel, il demeure irréductible*".[26]

---

24. P. Engel, *Introduction à la philosophie de l'esprit*, op. cit.

25. J. Searle, "Minds, Brains, and Programs", *The Behavioral and Brain Sciences*, tome 3, 1980.

26. W.V.O. Quine, article "Mind versus Body", Philosophical Dictionary, 1987.

Les chances de la phénoménologie

Autre ironie de l'histoire, il apparaît rétrospectivement que la naturalisation de la philosophie transcendantale était, paradoxalement, peut-être plus facile à mener à bien que la naturalisation d'une philosophie psycholinguistique de l'esprit.

Pour illustrer cette assertion, il est nécessaire de faire une brève incursion dans l'autre grand courant de la philosophie du XXe siècle, à savoir la phénoménologie. On sait que le concept d'intentionnalité y joue un rôle décisif, et on se doute qu'il n'a, au mieux, que des rapports très lointains avec ce que le même mot désigne en philosophie cognitive, puisque, chez Husserl, ce sont les "vécus psychiques" qui ont la propriété d'être "intentionnels", cette propriété constituant l'"essence du concept de conscience". Ce qu'on sait généralement moins, c'est que l'intentionnalité en philosophie de l'esprit et l'intentionnalité husserlienne ont un ancêtre commun, à savoir la psychologie philosophique de Franz Brentano. Husserl fut l'élève de celui-ci, à Vienne, de 1884 à 1886, et l'influence qu'il en reçut fut décisive, comme en attestent ses Recherches logiques de 1901. Quant à Roderick Chisholm, avant d'être, comme on l'a dit, l'inventeur de la version linguistique de l'intentionnalité, il fut l'introducteur de la pensée de Brentano sur le sol américain, le traducteur et commentateur de plusieurs de ses livres, bref, l'une des autorités brentaniennes les plus incontestées. Et pourtant, de Husserl et de Chisholm, il faut bien que l'un des deux au moins ait trahi son maître.

"*Toute conscience est conscience de quelque chose*" : cette formule de Husserl, dont on sait, en France, ce qu'elle est devenue dans cette variante de la phénoménologie qu'est l'existentialisme sartrien, c'est de la pensée de Brentano que Husserl la tire et, plus précisément, de ce passage qu'il cite, de l'ouvrage du maître de Vienne, publié en 1874 sous le titre : *Psychologie du point de vue empirique*[27] : "*Tous les phénomènes psychiques sont caractérisés par ce que les scolastiques du Moyen-Age ont appelé* l'inexistence intentionnelle *(ou encore mentale) d'un objet, et que nous pourrions appeler, quoique de façon non dénuée d'ambiguïté, la relation à un contenu, l'orientation vers un objet (terme qui ne doit pas être compris ici comme signifiant une chose), ou l'objectivité immanente*".[28]

Tous les mots, ici, sont des pièges en puissance. "Intentionnel", nous rappelle Brentano, est un terme scolastique qu'utilise, par exemple, Thomas d'Aquin dans le sens de "mental", par opposition à "réel". Dans l'objet réel, c'est-à-dire situé en dehors de l'esprit, la forme est unie à la matière ; l'objet "intentionnel", lui, n'est présent que par sa forme. "*Inexistenz*" ("Inexistence") vient du latin *in-esse*, qui signifie : "être à l'intérieur de". Le contresens serait ici, évidemment, de comprendre "inexistant" comme voulant dire "non existant". L'objet *vers* lequel *tend* l'esprit (son *intention*) se situe *à l'intérieur de* l'esprit ; voilà pourquoi sa présence est "immanente".

La vie psychique, selon Brentano, est avant tout une activité, un processus, une dynamique. Cette activité est "présentation". Brentano précise : "*Par présentation, je ne veux pas dire cela même qui est présenté, mais bien plutôt l'activité de présentation*". Cette activité a un contenu, ou plus précisément un "objet". L'objet est cela même qui est présenté : le son que nous entendons, la couleur que nous voyons, le froid que nous ressentons. Ces objets de la présentation,

---

27. F. Brentano, *Psychologie vom empirischen Standpunkt*, Vienne, 1974 ; il existe une traduction française due à Maurice de Gandillac, parue chez Aubier en 1944.

28. Ma traduction. Sur le rapport de Husserl à Brentano, surtout en tant que le premier se situe en tronc commun par rapport à la bifurcation qui mène d'un côté à Heidegger et de l'autre à Sartre, on consultera avec profit Alain Renaut, *Sartre, le dernier philosophe*, Grasset, 1993 ; plus spécialement pp. 88-102.

Brentano les nomme, comme pour mieux brouiller les pistes, "*phénomènes physiques*" – par opposition à l'activité psychique précédemment définie. Mais il précise, pour enlever toute ambiguïté, que ces phénomènes "*physiques*" font bien partie des "*données de la conscience*".

L'activité psychique est intrinsèquement consciente d'elle-même. Quand nous pensons, nous avons une perception immédiate du fait que nous pensons, et la perception de l'activité pensante est simultanément perception de l'objet de la pensée. Cette perception interne ne peut pas être une observation, note Brentano, car il y aurait alors régression infinie d'activités psychiques pointant les unes vers les autres. C'est en une appréhension globale et unique que la pensée comme activité se rapporte à la fois à elle-même et à son objet intentionnel : "*Percevons-nous les phénomènes psychiques qui existent à l'intérieur de nous ? On doit répondre emphatiquement oui à cette question ; car d'où nous viendraient les concepts de présentation et de pensée sans une telle perception ? En revanche, il est évident que nous ne pouvons pas observer les phénomènes psychiques en nous (...). Cela suggère qu'il y a un lien particulier entre l'objet de la présentation interne et la présentation elle-même, et que l'un et l'autre relèvent d'une seule et même activité psychique. La présentation d'un son et la présentation de la présentation d'un son relèvent d'un seul et même phénomène psychique ; c'est seulement lorsque nous considérons ce dernier dans sa relation à deux objets différents, l'un d'entre eux étant un phénomène physique et l'autre un phénomène psychique, que nous le divisons conceptuellement en deux présentations (...). C'est dans le phénomène psychique même par lequel le son se présente à l'esprit que nous appréhendons simultanément le phénomène psychique lui-même.*"[29]

---

29. F. Brentano, *Psychologie*, op. cit. ; ma traduction.

Imaginons maintenant un (mauvais) élève de philosophie de première année lisant les textes de Brentano que nous avons cités et se méprenant systématiquement sur le sens des termes clés. L'objet vers lequel tend la représentation est un *objet physique inexistant*. C'est donc la chose en soi. Quand je pense à une vache ou à un dahu, qu'est-ce qui, en effet, est *absent* de ma représentation ? Le dahu en chair et en os, si l'on ose dire, parce qu'il n'existe pas, et la vache avec ses cornes et son lait, parce qu'elle existe, mais en dehors de mon esprit. L'intentionnalité, ce n'est donc plus l'*activité* psychique se dépassant elle-même à l'intérieur d'elle-même en direction d'un objet qui lui reste intérieur, cette "*transcendance dans l'immanence*" que tente de cerner Husserl ; cela devient un *état* mental doté d'un contenu, lequel se rapporte à un objet dont l'existence n'est pas garantie par le fait que l'état mental, lui, existe. Le contenu ne peut être qu'intensionnel, donc linguistique.

Si énorme que cela puisse paraître, c'est dans ce piège interprétatif que, "consciemment" ou "inconsciemment", Roderick Chisholm est tombé ou, en tout cas, a fait tomber ses lecteurs philosophes analytiques, le premier et le plus célèbre d'entre eux étant Willard Van Orman Quine. Dans une section, qui devait exercer une forte influence sur ses nombreux et, à leur tour, influents lecteurs, de son livre de 1960, *Word and Object*[30], Quine, dont on se demande s'il a lu la *Psychologie vom empirischen Standpunkt*, s'en remet à l'"*éclairante*" lecture de Chisholm pour attribuer à Brentano une "*thèse*" avec laquelle il se dit en accord – puisqu'elle ne fait qu'un, selon lui, avec sa propre thèse de l'indétermination radicale de la traduction d'une langue dans une autre, ou des contenus mentaux qu'un auditeur attribue à un locuteur. Cette "*thèse de Brentano*" est, bien sûr, la thèse de Chisholm. Elle affirme que les états mentaux, et eux seuls, sont dotés de la

30. § 45 : "The Double Standard" de W.V.O. Quine, *Word and Object*, MIT Press, 1960.

propriété d'intentionnalité, entendue comme rapport de type linguistique à des objets ou états de chose du monde extérieur à l'esprit. Les expressions intentionnelles sont irréductibles aux termes que nous utilisons pour décrire les phénomènes "physiques". "*On peut accepter la thèse de Brentano soit comme montrant le caractère indispensable des expressions intentionnelles et l'importance d'une science autonome de l'intention*", conclut Quine, "*soit comme montrant le caractère non fondé des expressions intentionnelles et la vacuité d'une science de l'intention. Mon attitude, contraire à celle de Brentano, est la seconde*". Le tour était donc joué. D'autres, moins "éliminationnistes" que Quine, plus conscients des limites de toute entreprise de "naturalisation de l'épistémologie", allaient concevoir des "monismes non réductionnistes" capables de concilier la "thèse de Brentano" avec un physicalisme relatif. On a déjà examiné les deux principales tentatives, le fonctionnalisme et le monisme anomal.

Avec le recul des années, on peut dire que s'il existe une possibilité de modéliser scientifiquement – et donc, si l'on veut, de "naturaliser" – l'intentionnalité telle que l'a conçue Brentano et, à sa suite, Husserl, c'est bien l'étude des réseaux telle que l'a lancée Warren McCulloch qui l'a ouverte. Mais il fallait, pour que cela devînt apparent, un changement radical de perspective sur ces réseaux, qui amène à s'intéresser moins à leur équivalence avec la machine de Turing qu'à leurs propriétés spécifiques.

Ce changement de perspective ne devait se produire que tardivement, au confluent de divers courants ou écoles de pensée : citons les tentatives de formaliser l'auto-organisation des systèmes biologiques au moyen de réseaux d'automates booléens (en France, ces travaux furent principalement menés, dans les années 70 et 80, par une équipe dirigée par Henri Atlan, comprenant Françoise Fogelman-Soulié, Gérard

Weisbuch et Maurice Milgram[31] ; aux États-Unis, à l'Institut de Santa Fe pour l'étude des systèmes complexes, par Stuart Kaufmann[32], ancien élève de Warren McCulloch) ; l'école chilienne de l'autopoïèse, qui va si loin dans sa conception de la "clôture informationnelle" des systèmes vivants traités comme systèmes cognitifs qu'elle en nie l'existence même des représentations (Humberto Maturana et Francisco Varela sont les deux fondateurs de ce courant, Varela[33] recourant à divers formalismes relevant de la théorie des réseaux d'automates) ; au cœur même du connexionnisme, le courant "ANN" (pour *Attractor Neural Network*), animé par des physiciens, qui étudie les propriétés émergentes de réseaux (presque) complètement connectés, l'information se propageant donc dans toutes les directions (fondé par John Hopfield[34], ce courant connaît des développements remarquables dans les travaux de Daniel Amit[35] en Israël ; en France, les recherches de Jean Petitot[36] appliquant la théorie des systèmes dynamiques à l'étude des réseaux d'automates se rattachent également à ce courant).

---

31. On trouvera une introduction accessible à ces travaux dans F. Fogelman Soulié (éd.), *Les Théories de la complexité. Autour de l'œuvre d'Henri Atlan*, Seuil, 1991.

32. S. Kaufmann, *Origins of Order and Self-Organisation in Evolution*, Oxford University Press, New York, 1991.

33. F. Varela, *Principles of Biological Autonomy*, North Holland, 1979 (trad. fr. : *Autonomie et Connaissance. Essai sur le vivant*, Seuil, 1989).

34. J. Hopfield, "Neural Networks and Physical Systems with Emergent Collective Computational Abilities" (1982), repris in J. Anderson et E. Rosenfeld (eds.), *Neurocomputing*, MIT Press, 1988.

35. D. Amit, *Modeling Brain Function. The World of Attractor Neural Networks*, Cambridge University Press, 1989.

36. J. Petitot, "Morphodynamics and Attractor Syntax. Dynamical and Morphological Models for Constituency in Visual Perception and Cognitive Grammar", in T. van Gelder et R. Port (eds.), *Mind as Motion*, Cambridge, MIT Press, 1994 ; et *La Philosophie transcendantale et le problème de l'objectivité*, Entretiens du Centre Sèvres, (père F. Marty éd.), Paris, Éditions Osiris, 1991.

Tous ces travaux, dans leur foisonnement, ont un point commun. Ils traitent un réseau complexe de calculateurs élémentaires en interaction comme un être "*autonome*", au sens où, doté d'une spontanéité propre, il est à lui-même la source de ses déterminations, et non le simple transducteur convertissant des messages d'entrée en messages de sortie. Du modèle de McCulloch et Pitts à celui de Daniel Amit, l'être mathématique n'a pas été bouleversé : il reste, fondamentalement, un automate à seuil. C'est la perspective que l'on prend sur lui qui change du tout au tout. On s'intéresse, non plus à ses capacités computationnelles, mais à ses "comportements propres" (*eigenbehaviors*, dans l'anglo-germanique de la mécanique quantique à qui la théorie des systèmes a emprunté ce concept). Qu'est-ce à dire ? Comme tout automate à état interne, un réseau calcule son état à l'époque suivante en fonction de son état à l'époque présente. Or, une propriété très générale qui caractérise les réseaux est qu'après une période de transition souvent assez courte, le comportement collectif se stabilise en un "*cycle limite*" (c'est-à-dire une configuration spatio-temporelle périodique) de faible périodicité (la période pouvant être égale à un, auquel cas on a affaire à un état stationnaire, ou point fixe). Tout se passe comme si ce comportement collectif stable était *auto*reproducteur, c'est-à-dire se produisait lui-même – d'où l'expression "comportement propre", *self-behavior* –, alors qu'en vérité, il reste produit par le réseau.

Un réseau donné possède en général une multiplicité de comportements propres – on dit aussi "*attracteurs*", terme emprunté à la théorie des systèmes dynamiques – et il convergera vers l'un ou l'autre d'entre eux en fonction de ses conditions initiales. La "vie" d'un réseau peut ainsi se concevoir comme une trajectoire dans son "paysage" d'attracteurs, le passage de l'un à l'autre résultant de perturbations ou chocs en provenance du monde extérieur. On convient de dire que ce sont là des événements significatifs pour le réseau, et que le *contenu* de sens qu'il leur attribue est précisément le comportement propre ou attracteur qui en résulte. C'est évidemment un contenu purement endogène, et non pas le reflet d'une objectivité extérieure, "transcendante".

N'a-t-on pas ici, au moins en germe, un très beau modèle de l'*objectivité immanente* dont parlait Brentano ? L'attracteur est simultanément un être qui participe pleinement de l'activité du réseau et qui, cependant, en un sens la transcende, puisqu'il relève d'un niveau supérieur de complexité logique. La dynamique du réseau tend vers un attracteur, mais celui-ci n'est qu'un produit de la dynamique du réseau. Le réseau est véritablement un être *intentionnel*, au sens de Brentano et de Husserl. La théorie des systèmes inventera d'ailleurs un terme pour parler de ce rapport paradoxal entre une dynamique et son attracteur. Elle parlera d'"*autotranscendance*". La "*transcendance dans l'immanence*" de Husserl n'est pas loin. On ne s'étonne pas que certains chercheurs en sciences cognitives, considérés encore aujourd'hui comme "marginaux" tant est forte l'emprise de la philosophie analytique sur ces sciences, et qui utilisent dans leurs travaux les réseaux d'automates, se recommandent, de près ou de loin, d'une phénoménologie transcendantale. (On peut songer, en France, aux recherches d'Henri Atlan[37], de Jean Petitot[38] et de Francisco Varela[39]).

---

37. H. Atlan, "Intentionality in Nature", *Journal for the Theory of Social Behaviour*, 24 :1, 1994, pp. 67-87.

38. J. Petitot, "Phénoménologie naturalisée et morphodynamique : la fonction cognitive du synthétique *a priori*", *Philosophie et Sciences cognitives* (J.M. Salanskis ed.), *Intellectica*, 1992/3, 17, pp. 79-126 ; et *Physique du sens*, Eds du CNRS, 1992.

39. F. Varela, E. Thompson et E. Rosch, *The Embodied Mind*, MIT Press, 1991 (trad. fr. par V. Havelange, *L'Inscription corporelle de l'esprit. Sciences cognitives et expérience humaine*, Seuil, 1993.

Troisième partie

De la cybernétique aux sciences cognitives

De 1946 à 1953, dix conférences, tenues à l'hôtel Beekman, 575 Park Avenue à New York pour les neuf premières, à la Nassau Inn de Princeton, New Jersey, pour la dernière, réunirent à intervalles réguliers certains des plus grands esprits du siècle. Organisées par la fondation philanthropique Josiah Macy Jr., elles sont entrées dans l'histoire sous le nom de conférences Macy. Mathématiciens, logiciens, ingénieurs, physiologistes et neurophysiologistes, psychologues, anthropologues, économistes, les membres de ce club fermé s'étaient donné pour ambition d'édifier une science générale du fonctionnement de l'esprit. Leur aventure collective constitue l'un des chapitres essentiels de l'histoire des idées au XXe siècle.

Tout groupe de ce genre, pour affirmer son identité, doit se donner un nom de code. Dans le cas présent, ce fut "cybernétique". Ce nom est aujourd'hui passé de mode, pour utiliser une litote. De 1954 au temps présent, le projet que s'était assigné le "groupe cybernétique"[40] n'a cessé d'être remis sur le chantier sous des appellations chaque fois différentes. L'expression qui s'est finalement imposée est celle de "sciences cognitives". Le chemin qui mène de la cybernétique aux sciences cognitives est tortueux. Dans ce qui suit, je vais tenter de le parcourir de nouveau, pour faire voir ce que le point d'aboutissement doit au point de départ, mais aussi ce qui l'en sépare.

Ce retour réflexif à la cybernétique me paraît indispensable, pour des raisons que je vais maintenant exposer. J'ai tenté

40. J'emprunte cette expression au titre de l'ouvrage de Steve Heims, *The Cybernetics Group*, The MIT Press, 1971.

d'illustrer dans le chapitre précédent l'assertion par laquelle j'ai commencé, à savoir que tout se passe comme si les zélotes du matérialisme ne parvenaient pas vraiment à se hisser à la hauteur de leur credo, travaillés qu'ils sont par des vestiges de dualisme. Les héros du matérialisme que j'appelais de mes vœux, c'est en fait dans la phase cybernétique des sciences cognitives que je les ai trouvés. Voilà, en partie, pourquoi je me suis intéressé aux origines des sciences cognitives[41].

Le Credo cybernétique

Le groupe cybernétique trouva un élan et une énergie exceptionnels dans deux convictions que la plupart de ses membres partageaient et qui étaient si nouvelles à l'époque que le simple fait de s'en prévaloir vous rangeait dans une avant-garde élitiste, adulée par les uns, décriée par les autres. Ces deux convictions s'appuyaient sur des découvertes logiques et scientifiques qui avaient été faites dans les décennies précédentes et dont le groupe cybernétique entendait déployer toutes les conséquences. Les voici, exprimées en termes très généraux, qu'il nous faudra préciser par la suite :

1) la pensée est équivalente à une forme de calcul. Le calcul dont il s'agit n'est pas l'opération mentale d'un être humain qui manipulerait des symboles en appliquant des règles, comme celles de l'addition ou de la multiplication. C'est ce que fait une classe particulière de machines, dont le nom technique est "algorithmes". Par là même, la pensée relève de l'ordre du mécanique;

2) les lois physiques peuvent expliquer pourquoi et comment la nature nous apparaît, dans certaines de ses manifestations,

---

41. Jean-Pierre Dupuy, *Aux Origines des sciences cognitives*, La Découverte (1re éd. 1994 ; 2e éd. 1999).

dans le monde humain mais pas seulement, porteuse de sens, de finalité, de directionnalité, d'"intentionnalité".

Puisant dans ces deux articles de foi une ardeur et un enthousiasme rarement égalés dans l'histoire des sciences, les fondateurs de ce mouvement d'idées se croyaient en état de réaliser de très grandes choses. Ils estimaient possible de construire une théorie scientifique, physicaliste de l'esprit, et par là même de résoudre le vieux problème philosophique de l'esprit et de la matière. Ils pensaient pouvoir réconcilier le monde du sens et celui des lois physiques. L'esprit trouverait enfin, grâce à eux, place dans la nature.

Ils ne furent ni les premiers ni les derniers à se fixer une telle ambition. Ce sont en général des philosophes qui débattent de telles questions, lesquelles sont lourdes de présupposés et d'enjeux métaphysiques. Les matérialistes craignent que tout soupçon de dualisme ne réintroduise le religieux qu'ils abhorrent. Les dualistes voient dans le matérialisme une entreprise qui vise à miner le libre arbitre de l'homme. Mais ici, c'étaient des savants qui s'attaquaient à ces problèmes, des savants et des ingénieurs. Faire une théorie, cela impliquait pour eux de bâtir un modèle, de le construire sur le papier mais aussi dans la matière. Ils étaient persuadés que l'on ne connaît bien que ce que l'on a fait, ou que l'on est capable de faire. Leur programme de recherche ne serait achevé, pensaient-ils, que lorsque, à l'instar du Créateur supposé de l'Univers, ils auraient fabriqué un cerveau capable de manifester toutes les propriétés que l'on attribue à l'esprit. L'un des ouvrages les plus influents du mouvement cybernétique portera le titre ô combien significatif de *Design for a Brain*[42].

J'ai tenté dans mes recherches de retracer la très complexe histoire intellectuelle de ce mouvement d'idées et défendu la

---

42. Il est de Ross Ashby, l'un des membres de la "deuxième cybernétique". Ross Ashby, *Design for a Brain*, London, Chapman and Hall, 1952.

thèse que les sciences cognitives s'enracinent pleinement en lui. Dire cela ne veut pas dire que les idées n'ont pas changé, entre la cybernétique et le ou les paradigme(s) qui dominent aujourd'hui les sciences cognitives. Elles ont tellement changé que j'éprouve le besoin de vous mettre en garde contre quelques contresens majeurs que ceux qui pratiquent aujourd'hui les sciences cognitives commettent, ou pourraient commettre, au sujet de leur ancêtre cybernétique, en l'interprétant à la lumière des conceptions d'aujourd'hui. Le mieux pour le faire est de revenir sur les deux convictions de base que j'ai énoncées en commençant, et d'examiner ce qui les sépare des convictions présentes.

Penser, c'est calculer comme une certaine classe de machines. Cette thèse – qui constituait la première conviction du groupe cybernétique – entend analyser et dire ce que c'est que penser, et non pas se prononcer sur le fait de savoir s'il est possible de concevoir des machines qui pensent. La question : "*Une machine peut-elle penser* ?" ne viendra sur le devant de la scène que plus tard, au début des années 50, lorsque se mettra progressivement en place au sein de l'informatique le programme de recherches connu sous le nom d'"intelligence artificielle". A cette question, la cybernétique ne pouvait évidemment répondre que par l'affirmative, puisqu'elle avait au préalable défini l'activité de penser comme propriété d'une certaine classe de machines. Il faut ici opérer un changement complet de perspective par rapport aux idées reçues. La cybernétique, ce n'est pas l'anthropomorphisation de la machine, c'est d'abord la mécanisation de l'humain.

Lorsqu'on pose aujourd'hui la question : "Une machine peut-elle penser ?", on songe avant tout aux ordinateurs. Le "cognitivisme", c'est-à-dire le courant qui a été longtemps dominant au sein des sciences cognitives, est souvent présenté, nous l'avons vu, comme reposant dogmatiquement sur la "métaphore de l'ordinateur" : penser, ce serait manipuler des symboles physiques en suivant des règles sur le modèle d'un programme d'ordinateur. On attribue souvent à la cybernétique la paternité de cette définition. C'est une erreur grossière. C'est d'abord une erreur historique. Lorsque se met en place le courant cybernétique, l'ordinateur n'existe pas encore. Sa conception par John von Neumann est un produit des idées cybernétiques, et non l'arrière-plan technologique qui préside à ces idées. Ici encore, le renversement de perspective à opérer est complet. Sur cet exemple au moins, c'est la bonne vieille thèse "idéaliste" tant décriée par la sociologie des sciences, laquelle se veut résolument matérialiste, qui est vraie. Ce n'est pas le monde matériel qui détermine la marche des idées, mais bien les idées qui font jaillir les réalisations scientifiques et techniques.

Mais l'erreur commise par ceux qui rendent la cybernétique responsable de l'assimilation de la pensée au fonctionnement d'un ordinateur est surtout une erreur philosophique dont il est important de comprendre la nature. Les calculs réalisés par un ordinateur sont d'une espèce très particulière en ce qu'ils portent sur des symboles, c'est-à-dire des représentations. Pour le cognitivisme, les symboles sont censés être des objets à la fois matériels, syntactiques et sémantiques. C'est – comme je l'ai montré au chapitre précédent, mais il est ici nécessaire d'y revenir – grâce aux symboles que le cognitivisme prétend franchir l'espace qui sépare le monde matériel du monde des significations. Le calcul est le pilier central de ce pont. Toujours selon le cognitivisme, les calculs purement formels opérés au niveau syntactique s'incarnent matériellement dans les processus causaux qui se déroulent dans l'ordinateur en tant qu'il est un objet physique, et s'interprètent dans le monde des significations à partir des sens élémentaires assignés aux symboles. Cette solution au problème que pose la place du sens dans un monde de faits physiques qui s'enchaînent selon des lois causales a été fortement attaquée. John Searle, l'un des plus influents et féroces critiques du cognitivisme et de l'intelligence artificielle, a fait remarquer que "*la syntaxe n'est ni constitutive de la sémantique ni suffisante pour l'engendrer*[43]" et que jamais l'implémentation d'un programme d'ordinateur ne pourra donner à la machine la capacité de comprendre ce qu'elle fait, d'être consciente de ce qu'elle fait ou de donner sens au monde dans lequel elle fonctionne. La réplique des cognitivistes a consisté à concéder que, naturellement, un programme d'ordinateur, étant un objet abstrait et purement syntactique, ne peut prétendre être doté d'un esprit, encore moins prétendre *être* un esprit. Sans aucun doute, l'esprit ne peut naître que d'une dynamique causale, dans le monde matériel et physique. Mais la thèse cognitiviste est que si l'implémentation d'un certain programme dans le monde matériel et physique fait émerger un esprit, toute implémentation du même programme dans un *hardware* différent, quel que soit celui-ci, produira un esprit doté des mêmes propriétés. En d'autres termes, ce qui est essentiel pour l'émergence de l'esprit, ce n'est pas l'organisation causale concrète de tel ou tel système matériel possédant un esprit ; c'est l'organisation causale *abstraite* qui reste invariante lorsqu'on passe de l'un de ces systèmes matériels à un autre[44].

C'est à la cybernétique que l'on doit les concepts fondamentaux qui permettent aujourd'hui au cognitivisme d'avancer ce type de réponse. Il se trouve cependant que la cybernétique pensait et articulait ces concepts d'une manière très différente, en l'*absence*, précisément, de la référence à l'ordinateur, objet encore à inventer sous les formes que nous lui connaissons aujourd'hui. On trouve déjà, dans la pensée cybernétique, ces trois niveaux que sont le niveau du calcul, le niveau des lois physiques causales et le niveau du sens. Mais tant l'identité de

43. John Searle, "Is the Brain's Mind a Computer Program ?", *Scientific American*, vol. 262, n°1, janvier 1990, pp. 26-31.

44. L'un des derniers en date à avoir soutenu cette thèse avec une force et une clarté exceptionnelles est David Chalmers dans son *The Conscious Mind*, Oxford University Press, 1996 (spécialement le chap. 9, "Strong Artificial Intelligence").

ces niveaux que leur ordonnancement sont bouleversés lorsqu'on passe de la cybernétique au cognitivisme. Il importe de comprendre comment et pourquoi cette rupture s'est produite.

Tout d'abord, le calcul tel que le conçoit la cybernétique n'est pas un calcul symbolique, c'est-à-dire un calcul sur des représentations. C'est un calcul purement "mécanique", privé de sens, les objets sur lesquels porte le calcul n'ayant aucune valeur symbolique. C'est, en particulier, le type de calculs que réalise un réseau de neurones idéalisés, chaque neurone étant un calculateur élémentaire computant des 0 et des 1 en fonction des signaux qu'il reçoit, des neurones avec lesquels il est en communication. Ce type de réseaux neuronaux qui mime la structure anatomique et l'organisation fonctionnelle du cerveau, est une très grande invention conceptuelle de la cybernétique. Or, sous le nom de "connexionnisme", nous l'avons vu, il s'est constitué, au sein des sciences cognitives contemporaines et en particulier de l'intelligence artificielle, en paradigme à part entière qui entend concurrencer le cognitivisme et l'intelligence artificielle dite "classique". Une histoire des sciences cognitives qui omettrait son origine cybernétique, comme c'est souvent le cas, donnerait l'impression que le connexionnisme est un nouveau paradigme, relativement récent, qui est apparu pour sortir les sciences cognitives des impasses dans lesquelles les a enfermées le cognitivisme. Ce serait, là aussi, une erreur grossière. Si l'on réintègre, comme on doit le faire, la cybernétique au sein de l'histoire des sciences cognitives, alors il faut bien conclure que le calcul s'est introduit dans l'édification d'une science matérialiste et physicaliste de l'esprit, non pas d'abord comme calcul symbolique portant sur des représentations, mais bien comme ce type de calcul "aveugle" qui n'a aucunement le sens pour objet ni pour visée.

Si, dans la conception cybernétique, le sens et l'esprit adviennent à la matière, c'est parce qu'ils surgissent d'elle.

Quelqu'un qui adhère à la critique du cognitivisme et considère que le calcul symbolique est incapable de faire naître le sens alors même qu'il porte sur des objets ayant déjà une valeur sémantique, est *a fortiori* tenté de conclure qu'un calcul au départ privé de tout sens a encore moins de chances de faire surgir le sens. Mais précisément, les cybernéticiens ne faisaient pas surgir le sens directement du calcul. Ils le faisaient surgir directement du niveau des lois physiques causales. A ce stade, nous devons commenter la seconde des convictions de base de la cybernétique, au sujet de laquelle nous n'avons encore rien dit.

En ce début du troisième millénaire, l'idée d'une physique du sens[45] n'a rien d'incongru. Une série impressionnante de découvertes scientifiques et mathématiques faites tout au long de la seconde moitié du XXe siècle ont complètement modifié l'idée que nous nous faisons de la dynamique, cette branche de la mécanique dite autrefois "rationnelle" qui s'intéresse aux évolutions ou trajectoires d'un système matériel soumis à des lois physiques purement causales. Il est aujourd'hui bien connu que les systèmes dits "complexes", constitués de nombreux éléments en interactions non linéaires, possèdent des propriétés émergentes remarquables, qui légitiment qu'on les décrive en utilisant des termes qu'on croyait bannis à tout jamais de la science issue de la révolution galiléo-newtonienne. On dit ainsi de ces systèmes qu'ils sont doués d'"autonomie", qu'ils "s'auto-organisent", que leurs trajectoires "tendent" vers des "attracteurs", qu'ils ont une "intentionnalité" ou "directionnalité" – comme si leurs trajectoires étaient guidées par une fin qui leur donnait sens et direction alors même qu'elle n'est pas encore advenue ; comme si, pour emprunter les catégories aristotéliciennes, des causes purement efficientes étaient capables de produire des effets mimant les effets d'une cause finale.

---

45. Cf. l'ouvrage de Jean Petitot qui porte ce titre : *Physique du sens*, op. cit.

Les concepts et les théories physico-mathématiques qui auront contribué à ce bouleversement sont légion et s'articulent les uns aux autres de manière extrêmement complexe. Citons pêle-mêle : les catastrophes, attracteurs et bifurcations de systèmes dynamiques non linéaires, les phénomènes critiques et les brisures de symétrie, l'auto-organisation et ses états critiques, la thermodynamique non linéaire et les structures dissipatives, la physique des systèmes désordonnés, le chaos déterministe, etc. Les modèles de cette nouvelle physique permettent de comprendre les mécanismes de la morphogénèse, c'est-à-dire l'émergence de structures qualitatives à un niveau macro qui s'organisent autour des "singularités" (c'est-à-dire des discontinuités qualitatives) des processus "micro" sous-jacents. Ces singularités structurent la façon dont les phénomènes physiques nous apparaissent. En les étudiant et en les classifiant, on peut espérer bâtir une théorie du sens. Comme le dit un recueil récent de travaux qui œuvrent dans cette direction, "*On peut parfaitement appréhender le sens par une démarche physicaliste, à la condition toutefois de s'appuyer sur la macrophysique qualitative des systèmes complexes et non plus sur la microphysique des systèmes élémentaires*[46]". Il est de ce point de vue significatif que la physique à laquelle se réfère le cognitivisme lorsqu'il entreprend, dans ses propres termes, de "naturaliser" et de "physicaliser" l'esprit, reste précisément une "microphysique des systèmes élémentaires". Si l'on ne craignait d'être cruel, on pourrait ajouter que, postulant un niveau ultime de réalité dont les objets seraient soumis à des lois fondamentales, c'est essentiellement une physique de philosophes, dont on chercherait vainement la trace dans les laboratoires de physique.

Qu'en est-il de la cybernétique dans tout cela ? Certes, à l'époque où elle prend son essor, les théories physico-

---

46. Jean Petitot, Francisco Varela, Bernard Pachoud, Jean-Michel Roy (eds), *Naturalizing Phenomenology. Issues in Contemporary Phenomenology and Cognitive Science*, Stanford University Press, 1999.

mathématiques dont il vient d'être question n'existent pas encore, ou n'en sont qu'à un stade embryonnaire. Les cybernéticiens, en excellents spécialistes de la physique et des mathématiques, sont cependant armés d'une boîte à outils conceptuels qui comprend des notions déjà classiques comme celle d'attracteur d'un système dynamique, mais aussi des notions plus révolutionnaires que la cybernétique invente ou en tout cas développe considérablement, comme celles de *feedback*, de causalité circulaire, de système et de complexité. Surtout elle dispose de cet instrument de pensée incomparable qu'est le réseau de neurones. Cela suffit largement aux cybernéticiens pour s'imprégner de ce que j'ai appelé en commençant leur seconde conviction. En témoigne éloquemment le fait qu'avant de se donner le nom de "cybernétique", le mouvement se reconnaît et se définit comme œuvrant à l'élaboration d'une "*théorie des mécanismes téléologiques*". L'expression "Mécanismes téléologiques" fournit l'intitulé que les cybernéticiens donnent à leurs rencontres fondatrices, et on la retrouve constamment dans leurs écrits ou discours, qu'ils soient destinés à des publications ou des forums scientifiques ou bien à émouvoir des bailleurs de fonds ou le grand public. On ne mesure plus aujourd'hui le poids de scandale qui devait alors s'attacher à cette formule, qui ne pouvait apparaître que comme une pure contradiction dans les termes. Elle semble confondre deux types d'explication, l'explication (mécanique) par les causes, la seule qui soit admise par la science, et l'explication par les fins (*telos*), rigoureusement bannie par celle-ci. Bien sûr, les cybernéticiens ne se rendent pas coupables de cette confusion, bien sûr ils se plient complètement à la discipline scientifique et ne reconnaissent que les explications par les causes. Ce que l'expression "Mécanismes téléologiques" entend désigner, c'est la capacité qu'ont certains systèmes matériels "complexes" de mimer, de *simuler*, par leurs comportements, les manifestations de ce que, dans le langage courant, non épuré par l'attitude scientifique, nous appelons une fin, un but, voire une intention ou une finalité. La conviction des cybernéticiens est que derrière ces manifestations, il n'y a rien d'autre qu'une organisation causale d'un certain type, qu'il leur revient précisément de dégager. Quel que soit le *hardware* dans lequel elle est implémentée – et, en particulier, qu'il s'agisse d'un système matériel naturel ou d'un système matériel artificiel – l'organisation causale en question redonnera les mêmes effets de finalité ou d'intentionnalité.

Dans sa critique du cognitivisme, John Searle a fait valoir que l'erreur principale de celui-ci est de confondre la simulation avec la duplication. Pour reprendre son exemple favori, il serait absurde – et tout le monde en conviendrait – d'entreprendre de digérer une pizza en faisant tourner un programme d'ordinateur qui simulerait les processus biochimiques se déroulant dans l'estomac de quelqu'un qui digère réellement une pizza. Comment ne voit-on donc pas, demande Searle, qu'il est tout aussi absurde de prétendre répliquer le fonctionnement neurobiologique de l'esprit en faisant tourner un programme d'ordinateur qui simule ou modélise ce fonctionnement ? Certes, mais que vaut cet argument si l'original, la chose même, est déjà elle-même une simulation ? Il existe des démystificateurs de l'argent qui, partant du constat que l'argent, sous sa forme de papier monnaie par exemple, est un pur signe, sans valeur intrinsèque et garanti par un trésor inexistant, en concluent qu'il est "toujours déjà" de la fausse monnaie. Le fait que l'argent entre dans des échanges résulte, selon eux, uniquement de l'existence d'une chaîne potentiellement infinie de crédulités partagées : si l'argent possède (réellement) une valeur positive, c'est uniquement parce que tout le monde croit (faussement) qu'il possède une valeur positive. Supposons que cette théorie soit vraie : on doit en conclure qu'il n'y pas de différence essentielle entre un billet d'un dollar issu des presses de la *Federal Reserve Board* et un dollar *simulé*, c'est-à-dire contrefait. Ce dernier, lui aussi, ni plus ni moins que le dollar ayant prétendument "cours légal", entrera dans des échanges tant que l'on croira qu'il a la valeur d'un dollar – c'est-à-dire tant que l'on ne se doutera pas qu'il est un faux. De même, pour les cybernéticiens, le sens est "toujours déjà" un "faux". Son essence se confond avec son apparence. Simuler cette essence, par exemple au moyen d'un modèle, c'est lui rester fidèle, c'est la dupliquer. Voilà ce que les cybernéticiens auraient pu répondre à une critique du type de celle que Searle adresse au cognitivisme si elle leur avait été faite (ce qui ne veut pas dire que les cognitivistes, eux, peuvent se défendre contre les attaques de Searle avec une réponse semblable).

Doit-on dire pour autant que les cybernéticiens réduisaient le sens ou la finalité à une pure illusion produite par certaines organisations causales ? On pourrait tout aussi bien soutenir qu'ils en sauvaient au contraire la phénoménalité, c'est-à-dire l'apparence, en dévoilant les mécanismes – les algorithmes – capables de l'engendrer. Sans doute les cybernéticiens se partageaient-ils entre ces deux interprétations, selon leur sensibilité. Les plus radicaux ou les plus brutaux jouaient à fond le jeu de la "démystification". D'autres, plus subtils, reprenaient implicitement à leur compte la stratégie que développe Kant dans la seconde partie de sa troisième *Critique*, intitulée "Critique du jugement téléologique". En un sens, l'expression typiquement cybernétique de "mécanismes téléologiques" constitue un condensé frappant de cette stratégie. Les seules explications acceptables sont celles qui, en dernière instance, font appel à des mécanismes causaux. Toutefois, face aux manifestations les plus étonnantes de la complexité de la nature (la vie, pour Kant ; l'esprit, pour les cybernéticiens), il est inévitable de recourir à une autre "maxime de jugement", le "jugement téléologique". Des concepts comme ceux de "finalité interne" sont indispensables, et parfaitement légitimes, à condition de se souvenir qu'ils n'ont qu'une pertinence heuristique ou descriptive. Le jugement téléologique consiste à faire comme si (*als ob*) ils avaient une valeur objective. Le rôle que joue, dès l'origine cybernétique, la simulation dans l'histoire des sciences cognitives, est, en partie, un reflet de cette stratégie du "faire semblant".

J'ai parlé jusqu'ici de la cybernétique ou des cybernéticiens comme s'il s'était agi d'un groupe homogène. Ce n'est qu'au dernier paragraphe que j'ai donné à entendre qu'il pouvait y avoir des différences nettes de sensibilité et de posture au sein du mouvement. Les divergences, de fait, étaient parfois vives et les débats, les controverses, voire les conflits qui en ont résulté, donnent à cette histoire une richesse exceptionnelle. L'unité de la cybernétique, si unité il y eut, fut "complexe". Il est à ce propos important de signaler que les travaux du groupe cybernétique donnèrent naissance, parmi une très nombreuse progéniture, à une seconde cybernétique, d'un style très différent de la première. La seconde cybernétique, qui se baptisa elle-même "cybernétique du second ordre", fut fondée par celui qui avait été, à partir de 1949, le secrétaire des conférences Macy : Heinz von Foerster. De 1958 à 1976, le cadre en fut le *Biological Computer Laboratory* que von Foerster mit sur pied et dirigea sous les auspices de l'université de l'Illinois, à Urbana – Champaign. La seconde cybernétique n'aura joué dans l'histoire des sciences cognitives qu'un rôle modeste, qui contraste avec l'importance des concepts qu'elle aura dégagés et approfondis et avec l'influence que ces concepts auront exercée sur des esprits variés (y compris l'auteur de ces lignes), dans des domaines de la pensée non moins divers. L'auto-organisation des systèmes complexes a été l'un des thèmes de prédilection de la seconde cybernétique. Il lui a permis de faire des avancées fascinantes en direction d'une physicalisation du sens. Malheureusement pour elle, son histoire fut concomitante de l'essor vigoureux de l'intelligence artificielle et du cognitivisme. Puisqu'elle avait eu l'audace ou l'imprudence de reprendre à son compte le label "cybernétique", qui avait déjà acquis une très mauvaise réputation[47], les leaders du courant qui était en train d'asseoir sa domination la reléguèrent dans le camp des amateurs et des importuns. Mais l'histoire des sciences cognitives n'est pas achevée, et déjà l'on voit la faveur dont jouit à présent le connexionnisme se traduire par un regain d'intérêt, certes timide, pour quelques-unes des idées de la seconde cybernétique. On doit d'ailleurs signaler que la première cybernétique, confrontée aux thèmes de l'auto-organisation et de la complexité qui allaient devenir le champ de prédilection de la seconde cybernétique, s'y montra réfractaire, et parfois même, ironie cruelle, les combattit. Rétrospectivement, il y a là comme un manque incroyable de lucidité et, au regard de l'histoire des sciences cognitives, un échec.

Cybernétique et cognitivisme

Il est temps de renouer les fils et de tracer un premier bilan de ce qui tout à la fois unit le cognitivisme à son ancêtre cybernétique et occasionne une rupture. Trois niveaux d'analyse sont présents dans l'un et l'autre cas : le calcul, la causalité physique et le sens. Mais, derrière l'identité des mots, se cachent de grandes différences de conceptions. La physique des cognitivistes est une physique fictive, une physique philosophique ; la physique des cybernéticiens est une vraie physique de physiciens. Le calcul des cybernéticiens est un pur calcul, dégagé de toute référence à une quelconque signification ; le calcul des cognitivistes est un calcul symbolique, conceptuel. Enfin, et c'est peut-être le plus important, le sens auquel s'intéressent les cognitivistes s'enracine dans les propriétés d'êtres doués d'intentionnalité et peut-être de conscience : êtres humains, organisations biologiques et

---

47. Sur les raisons pour lesquelles les sciences cognitives ont honte de leur ancêtre cybernétique, voir Jean-Pierre Dupuy, *Aux Origines des sciences cognitives*, op. cit.

systèmes vivants, collectifs composés des précédents et simulations/réplications artificielles de tout ce qui précède. Le sens qui préoccupe les cybernéticiens est beaucoup plus universaliste et abstrait, "structuraliste" est-on tenté de dire, en ceci qu'il est complètement dégagé de toute idée de subjectivité. Il est consubstantiel à toute organisation suffisamment complexe de la nature, fût-elle inanimée. Un signe amusant de cet universalisme est que dans ce milieu de matérialistes maximalistes que fut le groupe cybernétique, il put se trouver un chercheur qui, sans apparaître trop décalé par rapport à ses confrères, voyait de l'esprit partout dans la nature, en tout cas à chaque manifestation d'une organisation circulaire, qu'il s'agisse d'un tourbillon dans un torrent, d'une colonie de fourmis ou d'un circuit électrique oscillant[48].

C'est parce que l'idée d'une physique du sens lui reste étrangère que le cognitivisme est amené à faire du calcul (symbolique) le pilier central du pont qui lui permettra, espère-t-il, de franchir l'abîme qui sépare l'esprit et le sens de la matière. Les problèmes qu'il rencontre viennent de ce que chacune des deux enjambées se révèle périlleuse. Du calcul symbolique au sens, le passage tombe sous le coup des critiques de type Searle. Du calcul symbolique au domaine des lois physiques causales, la difficulté du saut provient de ce que l'aspect sémantique ou conceptuel du calcul n'est pas donné d'emblée dans la nature. Les cybernéticiens n'avaient pas ces problèmes, et cela, en dernière analyse, parce qu'ils prenaient tant la physique que le calcul beaucoup plus au sérieux que les cognitivistes, en les dépouillant de tout ce qui pourrait déjà évoquer le terme à atteindre, à savoir l'esprit et le sens ; mais aussi parce qu'ils redéfinissaient l'esprit et le sens en des termes qui excluaient toute référence à une quelconque psychologie ou subjectivité. De la physique au

---

48. En l'occurrence, le grand anthropologue Gregory Bateson. Cf. son ouvrage, qui est un hymne à la cybernétique : *Steps to an Ecology of Mind*, Ballantine Books, New York, 1972.

sens ainsi redéfini, le passage, on l'a vu, peut être direct. Quant au rapport entre le domaine du calcul et celui des lois physiques causales, les cybernéticiens n'avaient aucune hésitation à en postuler l'identité. Ils tenaient que les lois physiques sont calculables[49] et, donc, que des modèles ou formalismes computationnels sont parfaitement adaptés à décrire et à spécifier les phénomènes physiques. Inversement, ils étaient convaincus, par leurs théories, qu'il s'agît des circuits électriques ou du cerveau, que la logique s'incarne dans la matière, dans les systèmes naturels comme dans les systèmes artificiels.

Le cognitivisme résulte d'une alliance des sciences cognitives avec cette psychologie philosophique qu'on appelle la "philosophie de l'esprit" (*philosophy of mind*), branche aujourd'hui très active de la philosophie analytique, comme nous l'avons dit. Voilà un mariage qui n'aurait absolument pas pu se produire avec la cybernétique, et il convient de comprendre pourquoi. La philosophie de l'esprit s'est donné pour tâche de "sauver" la psychologie ordinaire en lui donnant un fondement naturaliste et matérialiste, le seul qui puisse, selon ses adeptes, donner une légitimité scientifique à une quelconque discipline, fût-elle philosophique. Par psychologie ordinaire, il faut comprendre la manière dont les êtres humains donnent sens aux actes et croyances de leurs congénères, mais aussi à leurs propres actes et croyances, en les expliquant et en les interprétant au moyen de *raisons*. Ces raisons d'agir ou de croire sont constituées par les (autres) croyances, les désirs, les intentions, les peurs, etc., de l'agent, tous "états mentaux" dotés de contenus sémantiques. Par construction, l'explication par les raisons présuppose, ou révèle, la rationalité de l'agent, et possède donc une composante normative. "Naturaliser" ce type d'explication, cela implique de l'enraciner dans un contexte physicaliste où les

49. Au sens technique de la "Turing-calculabilité".

explications ultimes sont des explications par les causes. L'entreprise de naturalisation de l'esprit et du sens n'est-elle pas condamnée à commettre une faute majeure, en confondant le naturel et le normatif, le fait et la norme, la nature et la liberté, l'être et le devoir être, etc. ? La philosophie de l'esprit croit avoir trouvé le moyen de contourner l'obstacle, et c'est dans le niveau intermédiaire que postule le cognitivisme qu'elle voit la solution. Ce niveau, on s'en souvient, est précisément celui du calcul (symbolique). Les objets (sémantiques) sur lesquels portera le calcul sont donc tout trouvés : ce seront les représentations mentales qui sont censées correspondre à ces croyances, désirs, etc. par lesquels nous interprétons les actes d'autrui et les nôtres. Penser, c'est opérer des calculs sur ces représentations. Par exemple, inférer un nouvel ensemble de croyances à partir des croyances que l'on a déjà et d'une observation qui infirme partiellement certaines d'entre elles – c'est la question de la "révision des croyances". Ou encore : former une intention d'agir sur la base des désirs et des croyances que l'on a – et c'est la question de la rationalité des plans. Etc. Pour le cognitivisme et la psychologie philosophique qui lui correspond, ce calcul conceptuel réussit à résoudre la quadrature du cercle : il crée un niveau intermédiaire entre celui, interprétatif ou de compréhension, où nous donnons sens aux actions et croyances au moyen de raisons, et celui, neurophysiologique et, en dernière analyse, physique, où ces actions et croyances sont produites par des processus causaux. A ce niveau intermédiaire, sont censées jouer des "causes mentales", forme hybride entre les causes et les raisons, ou plutôt raisons traitées comme causes.

Le cognitivisme se trouve en butte à deux types de critiques radicales qui ont en commun de proclamer l'inexistence et l'impossibilité de ce niveau intermédiaire. Notons qu'il est vital pour le cognitivisme de se défendre farouchement, car c'est le cœur même de son dispositif qui est attaqué. Pour reprendre l'image du pont, c'est le pilier central qui se révèle vulnérable, et ce pilier c'est celui de la machine computationnelle, l'ordinateur comme métaphore de la pensée. Ce qui est en question, c'est le pari même des sciences cognitives, l'entreprise consistant à mécaniser l'esprit pour lui faire une place dans la nature. D'un côté, la critique wittgensteinienne qui reconnaît le niveau causal des processus physiques, d'une part, et le niveau de la norme, de l'interprétation, de la compréhension et de la justification, d'autre part, mais qui les déclare radicalement irréductibles l'un à l'autre : aucun pont ne peut être jeté entre eux. La compréhension par les raisons constitue un jeu de langage incommensurable à celui de l'explication par les causes. De l'autre bord, le matérialisme qui se proclame lui-même "éliminativiste" ne reconnaît qu'un seul niveau, celui des processus causaux physiques et physiologistes. La psychologie ordinaire, avec ses raisons qui prétendent, à l'égal des causes, au statut de facteurs d'explication, est reléguée au placard des illusions pré-scientifiques. Une grande partie du débat philosophique au sujet des sciences cognitives se résume aujourd'hui à un affrontement entre ces trois positions.

Or il convient de comprendre que la cybernétique proposait une autre configuration conceptuelle, distincte des trois que nous venons d'évoquer. Comme le matérialisme éliminativiste, elle chasse de son langage toute référence aux raisons, aux représentations mentales à contenu sémantique, etc. *A fortiori*, elle ne reconnaît aucun niveau "intermédiaire" qui serait celui d'un calcul symbolique portant sur des représentations. Peut-on la dire pour autant "éliminativiste" ? Certes, elle élimine complètement la psychologie. Mais ce qui fait sa marque propre, c'est qu'elle n'élimine pas pour autant la question du sens. Elle la redéfinit d'une façon qui en exclut toute subjectivité. Et ce sens ainsi redéfini, elle se donne les moyens de l'atteindre depuis la rive des causes physiques en une seule enjambée. Comme la causalité physique est calculable, et le calcul[50] implémentable dans la matière, cette enjambée réunit aussi le calcul et le sens. Si la cybernétique avait réussi dans son projet, on aurait pu dire d'elle qu'elle avait mené à bien l'entreprise de mécanisation de l'esprit sur laquelle, partant de tout autres bases, bute aujourd'hui le cognitivisme.

Sur la lancée de cette discussion, on est conduit à la conjecture suivante. L'importance majeure qu'a prise la philosophie analytique de l'esprit dans les sciences cognitives résulte d'un accident historique – et, sans doute, d'un accident malheureux. Comment et pourquoi, malgré tout, s'est-il produit ? Est-il irréversible ? Je défends la thèse – j'y ai fait allusion au chapitre précédent – que cette autre grande philosophie de l'esprit du XXe siècle, la phénoménologie, aurait pu et dû faire alliance avec le projet cybernétique, s'il avait été question pour elle de chercher à se naturaliser, en dépit des convictions de son fondateur, Edmund Husserl. Je l'ai dit, toute une série de travaux actuels semblent montrer que cela reste une voie fructueuse[51].

J'en ai assez dit, je crois, pour justifier que toute réflexion sur les sciences cognitives aujourd'hui, leur état et leur histoire, qui ne prendrait pas en compte leur origine dans le projet cybernétique – comme c'est très généralement le cas, étant donné le discrédit dans lequel est tombée la cybernétique –, ne donnerait qu'une vue très biaisée de leur situation et de leurs chances d'échapper à certaines des impasses où elles semblent s'être laissé enfermer. Les idées de la cybernétique étaient bonnes. Je ne veux pas dire qu'elles étaient vraies

---

50. Au risque de lasser, rappelons que "calcul", ici, doit être entendu dans son sens technique, celui que lui a donné Turing.

51. Cf. *Naturalizing Phenomenology*, op. cit. Il semble aussi que des affinités existent entre une néo-cybernétique et la philosophie de Spinoza. Cf. Henri Atlan, "Immanent Causality : A Spinozist Viewpoint on Evolution and Theory of Action", in G. Van de Vijver et al. (eds.), *Evolutionary Systems*, Kluwer, 1998.

(antimatérialiste, je suis convaincu du contraire), mais qu'elles constituaient un modèle cohérent et parfaitement adapté à l'objectif qui est resté celui des sciences cognitives, à savoir la mécanisation de l'esprit. Il pourrait être utile, à ceux qui nourrissent aujourd'hui le même dessein, de se replonger dans ces débats de pionniers. S'il faut ajouter une raison pour les convaincre de cette utilité, ce sera celle-ci, qui n'est paradoxale qu'en apparence. La cybernétique se sera soldée par un échec. Échec historique, d'autant plus cuisant que les ambitions affichées étaient énormes ; échec conceptuel, d'autant moins compréhensible que la cybernétique avait réuni de très gros atouts de son côté ; échec injuste, peut-être, à considérer tout ce qu'on lui doit et qui ne lui est pas reconnu. Quoi qu'il en soit, si la cybernétique a failli en dépit de ses bonnes idées, les praticiens des sciences cognitives d'aujourd'hui qui n'en ont pas forcément de meilleures, feraient bien de méditer les causes et les raisons de cet échec.

La querelle de l'humanisme

Bien des critiques adressées au matérialisme des sciences cognitives procèdent en dernière analyse d'une défense de l'humanisme. Cela n'est pas toujours apparent, car la plupart de ces critiques veulent éviter de donner l'impression de tomber dans le dualisme, avec les relents de religiosité qui l'accompagnent. Il faut sans doute du courage à Thomas Nagel pour écrire ceci, alors qu'il critique l'usage que fait Jerry Fodor, l'un des papes du cognitivisme, de la notion paradoxale de "connaissance tacite" – un type de connaissance que le cognitivisme est amené à postuler au niveau intermédiaire du calcul sur représentations mentales : "*Nous assignons tant la connaissance que l'action à des personnes individuelles. Il y a par contre bien des choses que l'organisme peut faire mais que nous n'assignons pas à la personne humaine. Maintenant, il se pourrait que ces concepts et les distinctions sur lesquelles ils reposent n'aient aucun intérêt théorique. Il se pourrait – mais j'en doute – que l'idée même de la personne humaine, autour de laquelle pivotent tous ces autres concepts, soit une notion en voie d'extinction, qui aura le plus grand mal à survivre aux avancées de la psychologie scientifique et de la neurophysiologie*[52]." La question que pose Nagel en évoquant une possibilité malheureuse afin de mieux l'écarter, est classique : l'idée que nous nous faisons de la personne humaine, c'est-à-dire de nous-mêmes, peut-elle survivre aux découvertes scientifiques ? De Copernic à la biologie moléculaire, en passant par Marx et Freud, nous avons dû beaucoup rabattre de la fierté que nous pouvions avoir d'occuper une place à part dans l'univers et admettre que nous sommes soumis de part en part à des déterminismes qui laissent peu de place à ce que nous pensions être notre liberté ou notre raison. Les sciences cognitives ne sont-elles pas en train de parachever cette entreprise de désillusionnement et de démystification en nous démontrant que là où nous croyions sentir le souffle de l'esprit, il n'y a que des réseaux de neurones mis à feu comme dans un vulgaire circuit électrique ? La tâche à laquelle nous convient Nagel et d'autres est, face à ces interprétations réductrices des avancées scientifiques, de défendre les valeurs propres à la personne humaine. Pour le dire plus brutalement : défendre l'humanisme contre les excès de la science et de la technique.

Comme on le sait, Heidegger aura complètement inversé la manière de poser le problème. Avec lui, il ne s'agit plus de défendre l'humanisme, mais au contraire de le mettre en position d'accusé. Quant à la science et à la technique – ou plutôt à la "technoscience", expression qui entend signifier que la science est subordonnée à un projet pratique, celui de la maîtrise du monde par la technique – loin qu'elles menacent les valeurs humanistes, elles en sont, selon Heidegger, la

52. Thomas Nagel, "Fodor : The Boundaries of Inner Space", in *Other Minds*, New York, Oxford University Press, 1995, p. 70.

manifestation la plus éclatante. Ce double retournement est tellement insolite qu'il mérite d'être médité, surtout pour qui s'intéresse à la place et au rôle de la cybernétique dans l'histoire des idées, car c'est précisément la cybernétique qui s'est trouvée en être le point d'application principal.

Là où la pensée heideggérienne a eu de l'influence, il est devenu impossible de défendre l'humanisme, la conscience contre la science, etc. Cela a en particulier été le cas des sciences de l'homme à la française, structuralistes, puis post-structuralistes, qui auront régné en maîtres sur le paysage intellectuel français pendant plusieurs décennies avant de trouver refuge dans les départements de lettres des universités américaines. Ancrées dans la pensée des "maîtres du soupçon" de langue allemande, Marx, Nietzsche et Freud, le tout retravaillé sur un fond commun d'heideggérianisme[53], elles ont fait de l'anti-humanisme leur mot d'ordre, en célébrant bruyamment cela même que Thomas Nagel appréhendait tout à l'heure : la mort de l'homme. Ce qui est reproché à ce malheureux homme, ou plutôt à une certaine image qu'il s'est donnée de lui-même, c'est d'être "métaphysique". "Métaphysique" : encore un mot lourd de sens, qui prend chez Heidegger une acception toute particulière. Pour l'esprit positif, les progrès de la science font reculer la métaphysique. Pour Heidegger, au contraire, la technoscience représente le point d'aboutissement de la métaphysique. Et le comble de la métaphysique, c'est précisément la cybernétique.

Tentons de démêler cet écheveau. Pour Heidegger, est "métaphysique" la recherche d'un fondement ultime de toute réalité, d'un "étant premier" par rapport auquel tous les autres "étants" trouvent leur place et leur finalité. Là où la métaphysique traditionnelle (l'"onto-théologie") avait placé Dieu,

53. Ce point est clairement mis en évidence par Luc Ferry et Alain Renaut dans leur *La Pensée 68. Essai sur l'anti-humanisme contemporain*, Gallimard, Paris, 1985.

la métaphysique moderne met l'homme. Voilà pourquoi la métaphysique moderne est foncièrement humaniste, et l'humanisme foncièrement métaphysique. L'homme est ce sujet doté de conscience et de volonté dont la philosophie de Descartes et de Leibniz dessine les traits à l'aube de la modernité. Conscient, il est donc présent et transparent à lui-même ; volontaire, il fait arriver les choses comme il l'entend. La subjectivité, tant comme présence théorique à soi-même que comme maîtrise pratique sur le monde, occupe la place centrale, d'où la promesse cartésienne de "*rendre l'homme comme maître et possesseur de la nature*". Dans la conception métaphysique du monde, tout ce qui est, est asservi aux finalités de l'homme, tout devient objet pour lui, façonnable en fonction de ses buts et de ses désirs. La valeur des choses dépend uniquement de leur capacité à aider l'homme à accomplir son essence, qui est de maîtriser l'étant. On comprend alors pourquoi il est possible de dire que la technoscience, et la cybernétique en particulier, achève la métaphysique. A la pensée méditante – celle qui pose la question du sens et de l'Être, comme surgissement des choses, un surgissement que nulle prise conceptuelle ne saurait atteindre – Heidegger oppose la pensée "calculante". La pensée qui calcule est le propre de toute activité planifiante qui cherche à atteindre des buts en tenant compte des circonstances. La technoscience, en tant qu'elle construit des modèles mathématiques pour mieux asseoir sa maîtrise sur l'organisation causale du monde[54], ne connaît que la pensée qui calcule. La cybernétique est précisément la *gouverne* (c'est le sens étymologique du mot) par le calcul : c'est bien le comble de la métaphysique.

Heidegger anticipe l'objection qu'on peut lui faire. Parler contre l'humanisme, ce serait *ipso facto*, par le jeu d'une "logique" irréfutable, faire l'apologie de l'inhumain et glorifier

---

54. Martin Heidegger, "Qu'est-ce qu'une chose ?" Orig. *Die Frage nach dem Ding*, 1962.

la barbarie la plus brutale[55]. Heidegger se défend en attaquant : la barbarie n'est pas là où on la met. Les vrais barbares, ce sont les prétendus humanistes qui, au nom de la dignité que l'homme s'accorde à lui-même, laissent derrière eux un monde dévasté par la technique, un désert dont nul ne peut dire qu'il l'habite.

Supposons que vous vous soyez convaincus de la justesse de la problématique heideggérienne, une énigme supplémentaire se présente aussitôt à vous. Si la cybernétique représente vraiment pour Heidegger l'apothéose de l'humanisme métaphysique, comment expliquer que ces sciences de l'homme à la française, dont nous disions ci-dessus qu'elles ne se comprenaient que sur fond d'heideggérianisme, se soient paradoxalement servies de la boîte à outils conceptuelle de la cybernétique pour, selon leurs propres termes, "déconstruire la métaphysique de la subjectivité" ? Dans la mise à mort de l'homme comme sujet, elles se donnèrent à fond, rivalisant dans le radicalisme, et c'est la cybernétique qui fournit les armes de leurs assauts. Du début des années 50 – vers la fin, donc, de la première cybernétique – jusqu'aux décennies 60 et 70 – alors que la seconde cybernétique déployait les théories de l'auto-organisation et que le cognitivisme prenait son essor – l'entreprise de mécanisation du monde humain connut de chaque côté de l'Atlantique un développement parallèle. Cette communauté de destin est rarement décelée, sans doute parce que le rapprochement paraît trop incongru, les sciences cognitives se présentant comme l'avant-garde de la science en marche et les sciences de l'homme à la française apparaissant trop souvent comme empêtrées dans un jargon philosophique prétentieux et incompréhensible[56]. Il est d'ailleurs trop tentant

---

55. Martin Heidegger, "Lettre sur l'humanisme". Orig. *Brief über den Humanismus*, 1947.

56. L'un des derniers lieux où ce rapprochement est envisageable est probablement l'université américaine, alors même que le département de sciences cognitives et l'un des fiefs de la "Déconstruction" ne s'y trouvent souvent séparés que de quelques centaines de mètres.

d'accuser les penseurs français de l'époque de s'être laissé fasciner par des concepts et modèles mathématiques qu'ils ne maîtrisaient absolument pas[57]. Même si ce type d'interprétation n'est pas dénué de fondement, il ne touche qu'à la surface des choses. Il y avait de très bonnes raisons, en effet, pour que la déconstruction de l'humanisme métaphysique trouve en la cybernétique une alliée de premier choix.

Un philosophe de la conscience comme Sartre pouvait écrire, au début des années 40 : "*L'inhumain, c'est simplement (...) le mécanique*[58]." Le structuralisme et le post-structuralisme français s'empressèrent de reprendre cette définition à leur compte, mais ce fut pour en inverser les valorisations. Pour faire plus fort qu'Heidegger, c'est l'inhumain que désormais l'on se mit à revendiquer avec éclat[59] : l'inhumain, donc le mécanique. Or la cybernétique était là, disponible, arrivée à point nommé pour démystifier le sujet volontaire et conscient. La volonté ? Il apparaissait qu'un simple mécanisme de

57. Cf. les polémiques liées à l'"affaire Sokal".

58. Cette phrase se trouve dans le compte rendu critique que Sartre donna en 1943 de *L'Étranger* d'Albert Camus. J.P. Sartre, "Explication de *L'Étranger" in Critiques littéraires* (*Situations, I*), Paris, Gallimard, 1947. Dans ce même compte rendu, Sartre cite Camus méditant, dans *Le Mythe de Sisyphe* sur "l'inhumanité de l'homme" : "*Les hommes aussi sécrètent de l'inhumain. Dans certaines heures de lucidité l'aspect mécanique de leurs gestes, leur pantomime privée de sens rend stupide tout ce qui les entoure.*" Dans *Le Mythe de Sisyphe*, Camus prend un exemple : "*Un homme parle au téléphone, derrière une cloison vitrée, on ne l'entend pas, mais on voit sa mimique sans portée : on se demande pourquoi il vit.*" Sartre commente : "*Qu'y a-t-il de plus inepte en effet que des hommes derrière une vitre ? Il semble qu'elle laisse tout passer, elle n'arrête qu'une chose, le sens de leurs gestes (...) elle* (est) *transparente aux choses et opaque aux significations.*" Sartre se sert de cet exemple pour accuser la philosophie analytique de glisser entre les autres et nous-mêmes une vitre analogue, faisant comme si les significations n'étaient pas toujours déjà données. Searle, avec sa fameuse expérience de pensée de la "chambre chinoise", destinée à montrer que jamais la syntaxe ne pourra créer le sens, ne fait que reprendre (sans doute sans le savoir) ce propos sartrien.

59. "*Rendre la philosophie inhumaine*", telle est la tâche que s'assignait en 1984 Jean-François Lyotard.

rétroaction négative pouvait en simuler, donc en répliquer, toutes les manifestations. La conscience ? Le groupe cybernétique fut confronté à l'inconscient freudien, dont l'existence était défendue par l'un de ses membres, le psychanalyste Lawrence Kubie. Si celui-ci fut souvent en butte aux railleries de ses confrères, ce n'est pas, on s'en doute, parce que ses propos paraissaient attentatoires à la dignité de l'être humain. La postulation d'une entité cachée, située en infrastructure du sujet prétendu conscient, ne se manifestant que par des symptômes, mais dotée elle-même des attributs essentiels du sujet (intentionnalité, désirs, croyances, présence à soi-même, etc.), paraissait aux cybernéticiens un piètre tour de passe-passe, destiné à maintenir en fait intacte la structure de la subjectivité. Il est remarquable que quelques années plus tard, le psychanalyste français Jacques Lacan, l'un des fondateurs du structuralisme avec l'anthropologue Claude Lévi-Strauss et le marxiste Louis Althusser, eut par rapport à Freud la même attitude critique que la cybernétique. Le père de la psychanalyse avait été amené à postuler une improbable "pulsion de mort", "au-delà du principe de plaisir", comme si le sujet désirait vraiment cela même qui le fait souffrir, en se plaçant de lui-même, de façon répétée, dans des situations dont il ne pouvait sortir que vaincu et meurtri. Freud avait appelé *Wiederholungszwang* cette pulsion (*Zwang*) de répétition de l'échec. Lacan traduisit cette expression par "*automatisme de répétition*", remplaçant par là même le prétendu désir inconscient de mort par le fonctionnement privé de sens d'une machine, l'inconscient étant désormais identifié à un automate cybernétique. L'alliance de la psychanalyse et de la cybernétique ne fut pas anecdotique ou fortuite : elle correspondait à la radicalisation de la critique de l'humanisme métaphysique.

Une raison plus profonde légitime la rencontre des sciences de l'homme à la française et de la cybernétique. Ce que le structuralisme cherchait à concevoir, par exemple dans l'anthropologie d'un Lévi-Strauss, et en particulier dans son étude des systèmes d'échanges propres aux sociétés traditionnelles, c'était une cognition sans sujet, voire une cognition sans mentalisme. De là le projet de faire de la "pensée symbolique" un mécanisme propre, non à des cerveaux individuels, mais à des structures "inconscientes", de type linguistique, opérant comme des automatismes dans le dos, si l'on peut dire, des malheureux soi-disant sujets humains, et les ayant de fait toujours déjà précédés. "Ça pense" était destiné à prendre définitivement la place du *cogito* cartésien. Or une cognition sans sujet, c'était précisément la configuration improbable que la cybernétique avait réussi, semblait-il, à penser. Ici non plus, la rencontre entre la cybernétique et le structuralisme ne fut aucunement fortuite. Elle correspondait à une nécessité intellectuelle nouvelle dont le surgissement apparaît, rétrospectivement, comme un moment exceptionnel de l'histoire des idées.

Il est temps d'en revenir à notre énigme, en forme de paradoxe. La cybernétique fut-elle le comble de l'humanisme métaphysique, comme le soutenait Heidegger, ou fut-elle au contraire le comble de sa déconstruction, comme le crurent certains des héritiers de Heidegger ? A cette question, je crois qu'il faut répondre que la cybernétique fut ces deux choses à la fois, et c'est ce qui fait d'elle, non seulement la racine des sciences cognitives, qui se trouvent devant le même paradoxe, mais bien aussi un tournant dans l'histoire des représentations humaines de l'homme. Avec la cybernétique, l'esprit s'attelle à une tâche dont il est encore loin, encore aujourd'hui, d'avoir exploré toutes les potentialités et mesuré toutes les conséquences, heureuses et malheureuses, dérisoires et tragiques. Cette tâche, que l'esprit se donne à lui-même, c'est de se mécaniser lui-même. Cette proposition a, en apparence, la forme d'une autoréférence, d'une de ces boucles étranges dont raffolèrent les cybernéticiens, surtout ceux de la seconde phase. Ce n'est qu'une apparence : l'esprit qui opère la mécanisation et celui qui en est l'objet sont deux entités distinctes mais néanmoins liées, comme le sont les deux extrémités d'une bascule dont l'une s'élèverait d'autant plus dans les hauteurs de l'humanisme métaphysique que l'autre descendrait dans les profondeurs de sa déconstruction. En mécanisant l'esprit, en le traitant comme un artefact, l'esprit se donne le pouvoir d'agir sur l'esprit à un degré qu'aucune psychologie à prétention scientifique n'a jamais rêvé d'atteindre. Cet esprit mécanisé, l'esprit peut espérer non seulement le manipuler à volonté, mais même le reproduire et le fabriquer selon ses désirs et ses fins. Les technologies de l'esprit ouvrent un continent immense que l'homme va devoir normer s'il veut leur donner sens et finalité. Il faudra alors que le sujet humain recoure à un surcroît de volonté et de conscience pour déterminer, non pas ce qu'il peut faire, mais bien ce qu'il *doit* faire. Il y faudra une éthique non moins exigeante que celle qui, aujourd'hui, se met lentement en place pour contenir le rythme et les dérives des biotechnologies. Qui dit "éthique", "conscience", "volonté" ne dit-il pas le triomphe du sujet ?

Le rapprochement de la mécanisation de la vie et de la mécanisation de l'esprit est ici inévitable. Même si le groupe cybernétique snoba la biologie, au grand dam de John von Neumann, c'est une métaphore cybernétique, comme cela est bien connu, qui permit à la biologie moléculaire d'établir son dogme central : le génome fonctionne comme un programme d'ordinateur. Cette métaphore n'est pas moins fausse, sans doute, que la métaphore analogue qui structure le paradigme cognitiviste. Les théories de l'auto-organisation biologique, d'abord opposées au paradigme cybernétique lors des conférences Macy, avant de constituer le modèle principal de la seconde cybernétique, ont fourni, et fournissent encore aujourd'hui, des armes décisives contre l'assimilation de l'ADN à un "programme génétique"[60]. Le point remarquable est que même si cette assimilation est scientifiquement et philosophiquement profondément illégitime, son pouvoir opératoire est considérable. L'homme peut se croire aujourd'hui maître de son propre génome. Jamais donc, est-on tenté de dire, il n'a été aussi près de réaliser la promesse cartésienne : il est bien devenu, ou presque, le maître et le possesseur de toute la nature, jusques et y compris de lui-même.

Devrait-on donc saluer ici un autre chef d'œuvre de l'humanisme métaphysique ? Il est *a priori* tout a fait étonnant, mais à la réflexion parfaitement compréhensible, qu'il se soit trouvé récemment un philosophe allemand, de tendance nietzschéo-heideggérienne, résolu d'en découdre avec l'establishment philosophique de son pays, plutôt humaniste libéral, pour affirmer avec bruit que les biotechnologies sonnent le glas de l'ère de l'humanisme[61]. Déclenchant une polémique impensable, sans doute, dans tout autre pays, le philosophe en question s'est risqué à affirmer : "*La domestication de l'homme par l'homme est le grand impensé devant lequel l'humanisme s'est voilé la face depuis l'antiquité jusqu'au présent.*" Et de prophétiser : "*Il suffit de comprendre clairement que les prochaines longues périodes de l'histoire seront des périodes de choix en matière d'espèce. C'est là que l'on verra si l'humanité, ou du moins ses élites culturelles, réussiront à mettre en place des procédés efficaces d'autodomestication. (...) Il faudra, à l'avenir, jouer le jeu activement et formuler un code des techniques anthropologiques. Un tel code modifierait* a posteriori *la signification de*

---

60. Cf. Henri Atlan, "Intentional Self-Organization. Emergence and Reduction : Towards a Physical Theory of Intentionality", *Thesis Eleven*, 52, février 1998 : 5-34 ; H. Atlan & Moshe Koppel, "The Cellular Computer. DNA : Program or Data ?", *Bulletin of Mathematical Biology*, 52 (3) : 335-48.

61. Peter Sloterdijk, dans une conférence donnée lors d'un colloque sur Heidegger au château d'Elmau, en Haute Bavière, le 17 juillet 1999. La conférence portait le titre : "Des règles du parc humain" et se présentait comme une réponse à la "Lettre sur l'humanisme" de Heidegger. Publiée pendant l'été par *Die Zeit*, elle a suscité en Allemagne un tollé aux répercussions politiques profondes.

l'humanisme classique, car il montrerait que l'humanitas n'est pas seulement l'amitié de l'homme avec l'homme, elle implique aussi (...) et de manière de plus en plus évidente, que l'homme représente le pouvoir suprême pour l'homme." Mais pourquoi donc ce pouvoir "surhumain" de l'homme sur lui-même est-il vu ici, à la façon nietzschéenne, comme la mort de l'humanisme, et non pas comme son apothéose ? Pour que l'homme puisse, en tant que sujet, exercer un pouvoir de ce type sur lui-même, il faut d'abord qu'il se soit ravalé au rang d'objet, malléable et corvéable à merci. Pas d'élévation sans rabaissement concomitant, et réciproquement.

Revenons à la cybernétique et, au-delà, aux sciences cognitives. A-t-on assez médité ce paradoxe qui veut qu'une entreprise intellectuelle qui se donne pour objectif de "*naturaliser*" l'esprit ait pour fer de lance une discipline qui se nomme "intelligence *artificielle*" ? Certes, cette naturalisation passe par une mécanisation. Il n'y a rien là que de cohérent avec une conception du monde qui traite la nature comme une immense machine computationnelle. A l'intérieur de celle-ci, l'homme en est une autre, nul étonnement à cela. Mais cet homme ainsi artificialisé, au nom de quoi ou de qui va-t-il exercer son surcroît de pouvoir sur lui-même ? Au nom de ce même mécanisme aveugle auquel il s'identifie ? Au nom d'un sens dont il prétend qu'il n'est qu'apparence ou phénomène ? Sa volonté et ses choix ne peuvent qu'être suspendus dans le vide. Cette tentative de rendre l'esprit à la nature qui l'a engendré aboutit à chasser l'esprit hors du monde et de la nature. Ce paradoxe est typique de ce que le sociologue Louis Dumont, dans son étude magistrale de la genèse de l'individualisme moderne, nomme "*le modèle de l'artificialisme moderne en général, l'application systématique aux choses de ce monde d'une valeur extrinsèque, imposée. Non pas une valeur tirée de notre appartenance au monde, de son harmonie ou de notre harmonie avec lui, mais une valeur enracinée dans notre hétérogénéité par rapport à lui : l'identification de notre volonté avec la volonté de Dieu (Descartes : l'homme se rendra 'maître et possesseur de la nature'). La volonté ainsi appliquée au monde, la fin recherchée, le motif ou le ressort profond de la volonté sont étrangers. Autrement dit, ils sont extra-mondains. L'extra-mondanité est maintenant concentrée dans la volonté individuelle.*[62] "Le paradoxe de la naturalisation de l'esprit tentée par la cybernétique, puis les sciences cognitives, c'est donc d'avoir placé l'esprit en position de démiurge par rapport à soi-même.

Beaucoup de critiques adressées au matérialisme des sciences cognitives du point de vue d'une philosophie de la conscience et/ou de la défense de l'humanisme passent à côté de ce paradoxe. Concentrant leurs attaques (souvent justifiées) sur les faiblesses ou les naïvetés internes de ce matérialisme mécaniste, elles en négligent de voir que ce dernier s'invalide lui-même en projetant le sujet humain en position de radicale extériorité par rapport au monde[63]. L'intérêt récent que les sciences cognitives portent à ce qui est pour elles le "mystère" de la conscience semble devoir accentuer cette tache aveugle[64]. Je retrouve ici la conjecture par laquelle j'ai commencé mon exposé. Les matérialistes croient-ils réellement au matérialisme ? Ils y croient peut-être au sens de Sartre, en n'y croyant pas, parce qu'ils ne font qu'y croire. Un

---

62. Louis Dumont, "La genèse chrétienne de l'individualisme moderne, une vue modifiée de nos origines", *Le Débat*, 15 septembre-octobre 1981. Repris comme chap. 1 de *Essais sur l'individualisme. Une perspective anthropologique sur l'idéologie moderne*, Paris, Seuil, 1983.

63. Il faut reconnaître à Searle le mérite d'avoir perçu, derrière le monisme matérialiste affiché par le cognitivisme et l'intelligence artificielle, un dualisme qui s'ignore. Son argument cependant, à savoir que si l'esprit est un programme, il se situe hors de la nature, peut être, comme on l'a vu, contré efficacement. Searle est sans doute ici victime du fait qu'il sous-estime la force et la cohérence (ce qui ne veut pas dire la justesse) du paradigme "déconstructionniste".

64. En témoigne l'ouvrage sans doute le plus intéressant paru à ce jour à ce propos : *The Conscious Mind* de David Chalmers (op. cit.).

dialogue entre la philosophie de l'esprit de type analytique propre aux sciences cognitives et la philosophie "continentale", s'il pouvait s'instaurer en dépit des préjugés tenaces selon lesquels elles n'ont rien à se dire, trouverait ici un début de justification.

Quatrième partie

Sciences cognitives et philosophie pratique

Le défi de l'irrationnel

Il serait erroné de penser que, des trois grandes branches que l'on distingue classiquement en philosophie – la philosophie de la nature, la philosophie de la connaissance et la philosophie pratique – c'est seulement la deuxième que les sciences cognitives entendent conquérir. J'ai déjà évoqué assez longuement la philosophie de la nature, à travers mes développements sur une physique du sens. Pour ce qui est de la philosophie pratique, il ne fait pas de doute que la nouvelle science de l'esprit estime qu'elle fait partie de son territoire. C'est toute une théorie de l'action rationnelle qui se met ici en place, avec, au-delà, la perspective, pour les sciences cognitives, de s'attaquer à la question du social. Nous avons déjà évoqué le risque d'"épiphénoménalisme" qu'encourt une théorie psycholinguistique de l'intentionnalité : le risque qu'une telle théorie ne puisse rendre compte du pouvoir causal des contenus mentaux dans l'explication du comportement de l'agent. Le défi, c'est de comprendre comment les faits mentaux peuvent avoir une efficacité causale *en tant qu'ils sont mentaux*. Nous allons mesurer sur quelques études de cas toute la difficulté qu'il y a à relever ce défi. J'ai choisi ces cas en pensant à ce qui constitue le fil de mon exposé, à savoir la question : "*Les savants croient-ils en leurs théories* ?", que je tiens pour un cas particulier de la question générale : "Croyons-nous ce que nous croyons ?"

Le cœur de la philosophie analytique de l'action est le syllogisme pratique, lequel peut se décliner ainsi :

Prémisse majeure : Jean désire (souhaite, préfère, etc.) X (c'est-à-dire : il désire que X soit le cas) ;

Prémisse mineure : Jean croit qu'en faisant (agissant) x, il fera que X est le cas.
Conclusion : Jean fait x.

Les termes de ce raisonnement pratique sont les *croyances* et les *désirs* de l'agent, traités comme des *raisons* d'agir (les philosophes cognitifs plus proches de la théorie de la décision, de la théorie du choix rationnel ou de la théorie des jeux parlent plutôt de *préférences*, terme moins lourdement connoté que celui de désirs). La *rationalité* d'une action découle du fait qu'elle apparaît comme la conclusion d'un syllogisme pratique – de la même façon qu'en logique, on s'assure de la vérité d'une proposition en la démontrant, c'est-à-dire en la déduisant d'un ensemble fini de propositions déjà tenues pour vraies. La rationalité d'un acte est donc une notion relative : elle s'apprécie relativement au système de croyances et de désirs de l'agent. Tant et si bien qu'on voit mal comment l'on pourrait rendre compte, dans un tel cadre, d'une action irrationnelle. L'irrationalité, pour ce paradigme rationaliste, est, et ne peut-être, qu'un "*paradoxe*".

L'expression est de Donald Davidson. Dans le cadre de son "monisme anomal", que nous avons déjà examiné, celui-ci soutient que les raisons d'agir doivent être traitées comme des causes de l'action, au sens que l'on donne à ce terme en sciences physiques. Davidson écrit : "*Le paradoxe de l'irrationalité a sa source dans ce qui fait partie de nos manières les plus fondamentales de décrire, de comprendre et d'expliquer les états et les événements psychologiques (...) L'existence de telles explications par les raisons fait partie des notions mêmes d'intention, d'action intentionnelle et de beaucoup d'autres attitudes et émotions. Ce genre d'explication explique par des rationalisations : elles nous permettent de voir que les événements ou attitudes sont raisonnables du point de vue de l'agent. Une aura de rationalité, de schème rationnel sous-jacent, est donc inséparable de ces phénomènes, tout au moins tant qu'on les décrit en termes psychologiques. Comment par conséquent pouvons-nous expliquer des pensées, des actions ou des émotions irrationnelles ou tout au moins tolérer qu'elles soient possibles ?*[65]" On ne saurait mieux dire que l'irrationnel constitue la pierre d'achoppement de la théorie psycholinguistique de l'intentionnalité. Davidson précise : "*Le type d'irrationalité qui pose un problème conceptuel ne tient pas à une incapacité qu'aurait quelqu'un à croire ou à éprouver ce que nous réputons raisonnable, mais plutôt à une absence, chez une même personne, de cohérence ou de non-contradiction dans la structure de ses croyances, de ses attitudes, de ses émotions, de ses intentions et de ses actions. Des exemples d'irrationalité sont le fait de prendre ses désirs pour des réalités* [wishful thinking], *agir à l'encontre de son meilleur jugement, croire quelque chose que l'on sait être en contradiction avec les faits.*"

Décider d'avoir une intention ?

Dans un premier temps, nous allons concentrer notre examen critique sur la question de la nature des intentions, une des plus débattues dans la philosophie de l'esprit de style analytique. La première question qui se pose est de savoir si l'intention a une quelconque autonomie par rapport à l'ensemble des croyances et des désirs qui sont pour l'agent, dans la version davidsonienne de la philosophie de l'esprit, tout à la fois les raisons qui le poussent à agir et les causes de son action. Après tout, pour revenir au syllogisme pratique précédemment analysé, dire : "*Jean a l'intention de faire x*", n'est-ce pas simplement une manière de décrire la relation entre, d'une part, les raisons, fondées sur ses désirs et ses croyances, qu'a Jean d'agir, et, d'autre part, son action elle-même ?

---

65. Donald Davidson, *Paradoxes de l'irrationalité*, trad. fr. Pascal Engel, Éds. de l'Éclat, Paris, 1991.

Critiquant cette conception relationnelle des intentions, Michael Bratman soutient qu'elles constituent, au même titre que les croyances et les désirs, des états mentaux ayant une existence et une individualité propres[66]. Il y a une réalité (fonctionnelle) des intentions qui n'est pas réductible à celle des croyances et des désirs.

Après délibération, Jean forme l'intention de faire x dans un avenir déterminé. Peut-on dire que cette intention lui fournit une *raison d'agir* en sus de l'ensemble des croyances et des désirs qui l'ont amené à former l'intention en question ? Oui, répond Bratman, et cela pour deux raisons principales. La première est que la délibération est coûteuse, en temps et en ressources diverses : c'est précisément pour cette raison que nous planifions nos actes et que nous nous en tenons, en général, à ce que nous avons décidé, ce qui nous évite d'avoir constamment à nous redemander, au moment d'agir, si c'est bien raisonnable de le faire. La seconde raison est que nous avons besoin de nous coordonner, avec les autres mais aussi avec nous-mêmes. Le fait que nous soyons des agents capables de former des intentions joue un rôle central à cet égard. Ce double ensemble de raisons (coûts de la délibération ; besoins de coordination) fait que si Jean a formé l'intention de faire A, normalement il sera rationnel pour lui de ne pas remettre en cause cette intention au moment d'agir – sauf changement de croyances et/ou de désirs (*linking principle*)[67]. Les intentions déjà formées constituent donc des contraintes pour l'action, elles encadrent ce qu'il est rationnel de faire – mais les raisons qu'elles donnent d'agir ne sont que des relais des seules raisons fondatrices de la rationalité, à savoir les croyances et les désirs. Cette restriction limite

---

66. Michael Bratman, Intentions, Plans, and Practical Reason, Cambridge, Harvard University Press, 1987 ; et "Planning and the Stability of Intention", *Minds and Machines*, 2, 1992, pp. 1-16.

67. Michael Bratman, "Planning Agents", communication au Workshop on Practical Deliberation, UNC/Chapel Hill, 11-13 novembre 1994.

fortement, selon Bratman, l'autonomie pourtant réelle des intentions par rapport aux croyances et aux désirs. Elle interdit, en particulier, qu'une action évidemment déraisonnable à l'aune du sens commun puisse devenir rationnelle simplement par le fait qu'on en a formé l'intention. Cette question devient spécialement pertinente lorsque la formation de l'intention elle-même a des effets autonomes par rapport à ceux que produira l'action.

Si, en effet, on prête aux intentions le statut d'états mentaux autonomes et qu'on postule la réalité (fonctionnelle) de ces états, et cela avec l'ambition de "naturaliser l'intentionnalité", alors on doit envisager la possibilité que les intentions participent à des chaînes causales dont les éléments sont d'autres états mentaux, des attitudes et des actions. La morale de sens commun et le droit ne font pas autre chose lorsque, par exemple, ils proportionnent leurs sanctions à la réalité d'une intention de faire le mal. Il est des systèmes pénaux où la vie ou la mort d'un accusé dépendent de la démonstration qu'une telle intention a existé. Dans leur alliance avec la philosophie analytique de l'esprit, nous l'avons vu, les sciences cognitives se donnent pour mission de "sauver" les intuitions du sens commun, tout en s'efforçant d'établir la possibilité de les ancrer dans un autre langage, celui des sciences de la nature. C'est ce qui fait tout à la fois leur grandeur et leurs limites.

Admettons donc qu'une intention d'agir, en tant qu'état mental autonome, ait des effets sur le monde, en dehors même de celui de rendre plus probable l'effectuation de l'acte en question. Ces effets peuvent être plus ou moins désirables – c'est-à-dire faire eux-mêmes l'objet de désirs ou de préférences de la part de l'agent. Celui-ci peut donc avoir des raisons de former une intention d'agir qui soient distinctes des raisons qu'il a d'agir. Il se peut même que ces deux ensembles de raisons soient contradictoires. Que peut-on dire de sensé dans ce cas ? Nous allons présenter un cas d'école, dont le caractère de science ou de philosophie-fiction ne doit pas tromper. Il est bien dans le style de la philosophie analytique, qui procède essentiellement par expériences de pensée pour tester la valeur d'un argument ou d'un raisonnement. Dans les meilleurs des cas, ces exercices, qui peuvent paraître gratuits au premier abord, trahissent de vrais problèmes. On va vérifier ici que c'est bien le cas.

Gregory Kavka, spécialiste américain de la philosophie morale et politique de Hobbes, est connu pour les positions qu'il a prises dans le débat sur l'éthique et l'efficacité de la dissuasion nucléaire. Le puzzle qu'il a inventé pour illustrer son argumentation est connu sous le nom de "puzzle de la toxine"[68]. Un milliardaire, qui a fait fortune dans les sciences cognitives en inventant une machine à détecter les intentions, vient vous trouver et vous propose le marché suivant. "*Vous voyez cette fiole*", vous dit-il, "*elle contient une toxine qui, si vous l'absorbez, vous rendra malade comme un chien pendant deux jours mais ne vous tuera pas et ne laissera aucune séquelle. Si vous avalez le contenu de la fiole, je vous donnerai un million de dollars.*" Vous vous réjouissez déjà de ce *deal* inespéré, car vous estimez que le désagrément physique sera bien peu de chose en comparaison de la fortune qui vous est ainsi offerte, lorsque votre singulier interlocuteur ajoute ceci : "*Ce qui m'intéresse n'est même pas que vous buviez la toxine ; il me suffit que vous en formiez l'intention. J'ai apporté cette machine, elle est capable de lire vos états mentaux. Vous la brancherez ce soir à minuit sur votre cerveau et elle enregistrera alors si vous avez ou non l'intention de boire la toxine demain à midi. Tenez, je suis bon prince, je n'attendrai même pas que vous ayez bu pour vous donner votre récompense. Si la machine a détecté une intention positive, eh bien demain matin, à la première heure, vous*

68. G. Kavka, "The Toxin Puzzle", *Analysis*, vol. 43, 1, janvier 1983.

trouvez le million de dollars sur votre compte en banque." Sur ce, le milliardaire vous laisse à vos pensées amères car, en philosophe de l'esprit averti, vous n'avez pas tardé à comprendre que le magot qui paraissait à portée de votre main, ou plutôt de vos lèvres, vous échappe irrémédiablement.

Demain à midi, que vous ayez ou non trouvé le million de dollars sur votre compte, vous n'aurez aucune raison de boire la toxine, et vous en aurez une très bonne de ne pas la boire. Le passé est ce qu'il est, et ce n'est pas votre décision qui va le changer. Il existe une stratégie *dominante*, ne pas boire, au sens où quel que soit l'état du monde (la présence ou l'absence d'un million de dollars sur votre compte en banque), c'est la meilleure stratégie : c'est donc la stratégie rationnelle. Tout cela, vous le savez dès maintenant, et vous le saurez donc aussi ce soir à minuit. Or, il vous est impossible de former l'intention de faire X si vous savez que le moment venu il sera déraisonnable pour vous de faire X. Il vous sera donc impossible, ce soir à minuit, de former l'intention de boire, demain à midi, la toxine. Le véritable poison n'est pas celle-ci, comme vous le pensiez, mais bien le cadeau de votre milliardaire.

Telle est du moins l'argumentation de Kavka, qui précise : "*Si les intentions étaient simplement des décisions, et si les décisions étaient des volitions sur lesquelles l'agent exerce pleinement sa maîtrise, il n'y aurait pas de problème. Mais il vaut mieux se représenter les intentions comme* des dispositions à agir *qui reposent sur des raisons (d'agir)*". Et il conclut : "*Ce puzzle révèle que les intentions ne tombent que partiellement sous l'emprise de la volonté. Il n'est pas davantage possible d'avoir toutes les intentions que l'on souhaite, qu'il n'est possible d'avoir toutes les croyances que l'on désire avoir. Nos croyances sont contraintes par les pièces à conviction* (evidence) *dont nous disposons ; de la même façon, nos intentions sont contraintes par les raisons que nous avons d'agir.*"

Dans le puzzle de la toxine, je *désire* former l'intention de boire la toxine – parce que je crois que cela va me rapporter un million de dollars. Mais, selon Kavka (et aussi Bratman), je ne *peux* pas le faire. Pourquoi ? Parce que je n'ai aucune raison de boire la toxine, alors que j'ai de bonnes raisons de ne pas la boire. Les raisons que j'ai de former l'intention d'agir se heurtent aux raisons que j'ai d'agir. Les premières concluent : former l'intention de boire ; les secondes me disent : ne pas boire ! Dans ce choc, les secondes l'emportent sur les premières. Une action (boire la toxine) ne peut pas devenir rationnelle parce qu'il est rationnel d'en former l'intention. Que faudrait-il pour vaincre l'obstacle ? Que la *volonté* l'emporte sur les raisons ! C'est exactement ce que conclut Kavka lorsqu'il tire de son puzzle la leçon que les intentions ne tombent pas sous l'emprise de la volonté. A ce stade, nous ferons trois remarques, dans le but limité de mettre en évidence les difficultés redoutables auxquelles se heurte, sur cette question de la nature des intentions, une théorie psycholinguistique de l'esprit.

1) Invoquer la volonté (même si c'est sur le mode du manque) est, pour les sciences cognitives, la marque d'un sérieux malaise. L'un des gestes inauguraux accomplis par la cybernétique, cette matrice des nouvelles disciplines de l'esprit, a consisté à démystifier la distinction traditionnelle entre actes réflexes et actes volontaires (la volonté étant réduite à un mécanisme de type *feedback*)[69]. Quel peut bien être le statut de cette notion de la philosophie classique, appelée en renfort de la panoplie des désirs, croyances et autres intentions, dans le cadre d'une interprétation physicaliste et matérialiste de l'intentionnalité ?

2) La solution Kavka-Bratman au puzzle de la toxine ne fait pas l'unanimité. Un petit nombre de philosophes rationalistes

69. Je fais référence au premier des deux articles fondateurs parus en 1943 que j'évoquais au début de mon exposé : cf. note 17.

la rejettent. Parmi eux Edward McClennen et sa notion de "choix résolu"[70], et David Gauthier et sa notion de "rationalité des plans"[71]. Selon eux, au moins pour le type de problèmes que nous sommes en train d'étudier, la rationalité doit s'apprécier au niveau des plans (compris comme systèmes d'intentions) et non directement à celui des actions. L'agent, dans le puzzle de la toxine, a *a priori* le choix entre quatre plans, chacun consistant en une intention formée (ou non) ce soir à minuit et une action demain à midi. L'agent peut former :

le plan 1 consistant à : former l'intention de boire ; ne pas boire ;

ou bien :

le plan 2 consistant à : former l'intention de boire ; boire ;

ou bien :

le plan 3 consistant à : ne pas former l'intention de boire ; ne pas boire ;

ou bien :

le plan 4 consistant à : ne pas former l'intention de boire ; boire.

Le plan 4 doit, à tous points de vue, être rejeté. Le plan 1 serait l'idéal pour l'agent s'il était possible ; mais il le ne l'est pas, soutient Gauthier : on peut certes former une intention à un moment et agir différemment le moment suivant, mais on ne peut pas former la méta-intention (le plan) de faire cela. Il reste deux possibilités et il est bien clair que le plan 2 est meilleur pour l'agent que le plan 3. C'est donc le plan 2 qu'il forme et cela lui est possible puisqu'il est convaincu de sa rationalité.

---

70. E. McClennen, *Rationality and Dynamic Choice : Foundational Explorations*, Cambridge University Press, 1989.

71. D. Gauthier, "Deterrence, Maximization and Rationality", in D. Mac Lean (ed.), *The Security Gamble. Deterrence Dilemmas in the Nuclear Age*, Rowman and Allanheld, 1984 ; et "In the Neighbourhood of the Newcomb-Predictor (Reflections on Rationality)", *Proceedings of the Aristotelian Society*, vol. 89, part 3, 1988/89.

Kavka, Bratman et beaucoup d'autres rétorquent que le plan 2 est "dynamiquement inconsistant". Demain à midi, l'agent ne boira pas puisque cela va contre ses raisons (désirs/croyances). Et cela, il le sait dès maintenant. Il lui est impossible de former l'intention de faire quelque chose dont il sait que, le moment venu, il serait irrationnel pour lui de le faire. Comme le note de façon critique David K. Lewis, Gauthier ne peut prétendre le contraire que parce qu'il défend la thèse que "*l'on doit apprécier la rationalité des actes en se basant sur la rationalité des intentions plutôt que vice-versa.*[72]" Pour Gauthier et McClennen, le fait que l'agent a pu établir la rationalité du plan 2 lui donne au moment de boire une "raison d'agir" (en conformité avec le plan) qui l'emporte sur ses préférences du moment. Mais cela, la position dominante en philosophie de l'esprit ne peut l'admettre. Ce "holisme des plans" est trop contraire à sa conception du temps de l'action. Notons que l'expression de "choix résolu" (*resolute choice* ; on dirait en allemand, en une expression qui évoque immanquablement la philosophie de Heidegger : *Entschlossenheit*) qui est utilisée par McClennen, et aujourd'hui reprise par Gauthier, pour désigner la solution volontariste au puzzle de la toxine, fait signe vers la faculté de vouloir, cette incongrue au royaume des sciences cognitives !

3) Le puzzle de la toxine est en vérité l'habillage conceptuel d'un problème fondamental pour l'existence même des sociétés humaines : la stabilité des promesses, engagements, contrats ; mais aussi la crédibilité des stratégies dissuasives. Nous nous limiterons ici à quelques considérations sur ce dernier cas, le plus complexe, celui qui pose les défis les plus redoutables au paradigme cognitif.

---

72. D. Lewis, "Devil's Bargains and the Real World", in D. MacLean (ed.), *The Security Gamble. Deterrence Dilemmas in the Nuclear Age*, Rowman and Allanheld, 1984.

Considérons la situation suivante. Alter envisage d'attaquer Ego. S'il passe à l'attaque, Ego a le choix entre céder – auquel cas il perd, par exemple, une partie de son territoire ou de sa zone d'influence – et contre-attaquer, cette seconde option entraînant les deux belligérants dans la catastrophe mutuelle (allant, dans le cas nucléaire, jusqu'à l'anéantissement de la race humaine). La théorie des jeux – qui, dès la phase cybernétique, est un compagnon de route des sciences cognitives et qui joue aujourd'hui un rôle essentiel dans la philosophie analytique de l'action – représente cette situation comme suit :

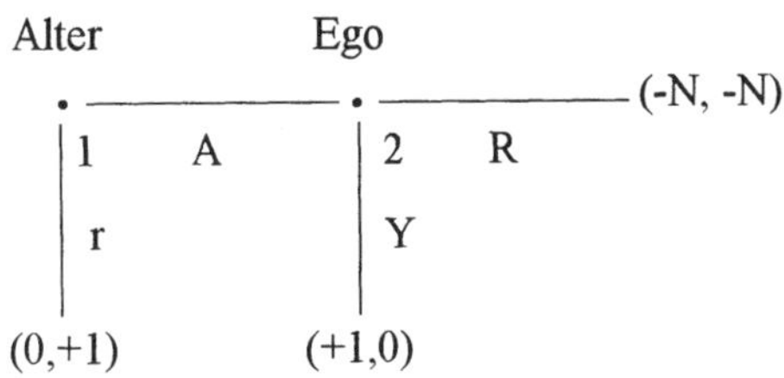

r : renonce R : riposte

A : attaque Y : cède

N : très grand nombre

Nombre de gauche : gain d'Alter

Nombre de droite : gain d'Ego

Le raisonnement de la théorie des jeux (et, plus généralement, de la théorie du choix rationnel) consiste, dans un problème à horizon fini de ce type, à partir de la dernière période, et à remonter le temps, étape après étape (ce raisonnement est dit de *backward induction*, expression que l'on peut traduire par "raisonnement rétrograde à partir de l'horizon"). Si Ego a la main en 2, ce qui implique qu'Alter a attaqué en 1, il est dans son intérêt de céder. Alter obtient alors +1, contre 0 s'il renonce. Donc, il attaque, et Ego se laisse faire. C'est une première solution (au sens où elle constitue un équilibre), mais il en existe en théorie une seconde, soutenue par la menace, en principe dissuasive, d'Ego : "*Si tu m'attaques, je riposterai*" ; Alter, alors, renonce. Les théoriciens des jeux soutiennent que cette seconde solution n'est pas acceptable – alors même que la stratégie dissuasive d'Ego ne lui coûte rien puisque Alter renonce. Supposons en effet qu'Ego soit en situation d'avoir à mettre sa menace à exécution : s'il est rationnel, il s'en gardera bien car cela lui coûterait trop cher. Sa menace n'est pas *crédible*. La dissuasion se révèle fondamentalement inefficace.

Cependant, la plupart des philosophes analytiques de l'action considèrent que la conceptualisation que donne la théorie des jeux de la dissuasion omet tout simplement l'essentiel de ce que nous mettons sous ce terme. La dissuasion, si elle est possible, n'est pas la solution théorique à un problème stratégique, un équilibre – au sens où l'on parle d'"équilibre de la terreur" ; c'est un *acte* et, plus spécialement, un *acte de langage*, au sens de la linguistique (*speech act*). Acte de langage qui exprime une *intention*, plus précisément l'intention conditionnelle de riposter si l'on est attaqué. Nous supposons que c'est au moment 0, avant que le "jeu" commence, que Ego, s'il le peut et s'il en décide ainsi, forme et exprime son intention (ici de contre-attaquer en 2 s'il est attaqué en 1).

Les participants au débat que nous mettons en scène tiennent la dimension *éthique* du problème de la dissuasion (nucléaire) pour inséparable de la question de sa rationalité. C'est une raison de plus pour nous d'en parler ici, car c'est un autre défi – sans doute le défi majeur – que les sciences cognitives tentent de relever, que de rendre compte de l'éthique et du normatif dans un cadre totalement naturalisé. Gregory Kavka soutient que, dès lors que l'enjeu N est considérable (par exemple, lorsque le risque est celui d'une apocalypse nucléaire), le point de vue de la rationalité instrumentale (user rationnellement de tous les moyens pour éviter l'holocauste) devient *le* point de vue éthique. Nous retiendrons cette thèse. Dans ce cadre, trois types de positions peuvent alors être défendues.

Un grand nombre d'auteurs concluent que, puisque c'est mal (c'est-à-dire, dans le cas considéré, tout à la fois irrationnel et immoral) pour Ego de riposter en 2, il est également mal, et en vérité impossible pour lui, s'il est rationnel (et, donc, s'il agit en conformité avec la morale), de former en 0 l'intention d'agir ainsi. Ils se retrouvent donc en définitive aux côtés des théoriciens des jeux pour affirmer que la dissuasion (nucléaire) est fondamentalement irrationnelle, inefficace et immorale.

Gregory Kavka[73] (suivi, dans une certaine mesure, par David K. Lewis[74]), a défendu une thèse plus complexe, même si elle aussi conduit à conclure que la dissuasion (nucléaire) représente un mal profond. Selon cette thèse, il est tout à la fois bien (autrement dit, rationnel et moralement acceptable) de former et de manifester à 0 l'intention de contre-attaquer – parce que cela peut avoir un effet dissuasif – et mal (irrationnel ainsi qu'immoral) de mettre sa menace à exécution si l'on est mis en situation de le faire (c'est-à-dire si la dissuasion a échoué). C'est un premier *paradoxe*, parce que se trouve ainsi violé un principe moral auquel nous donnions, jusqu'à l'ère de la dissuasion nucléaire, valeur d'axiome : "*Le fait d'avoir l'intention de faire quelque chose que l'on sait être un mal est lui-même un mal*". Kavka ne s'arrête pas là, puisqu'il affirme que si Ego est un agent "rationnel et moralement bon", il lui sera impossible de former l'intention de riposter (c'est ici que la métaphore du puzzle de la toxine intervient), alors même qu'il tient le fait de former et de manifester cette intention pour un acte rationnel et moralement justifié. Il y a cependant un moyen pour Ego de rendre sa

73. G. Kavka, "Some paradoxes of deterrence", *The Journal of Philosophy*, 6, 1978.

74. D. Lewis, "Devil's Bargains and the Real World", loc. cit.

menace crédible : c'est de rendre les représailles en grande partie automatiques, indépendantes de sa volonté (politique du "*launch on warning*" qui consiste à déclencher une attaque dès lors que le système d'alerte a repéré des missiles en vol, avant donc que ceux-ci aient atteint leurs cibles. Cette politique présente l'avantage d'utiliser sa force avant qu'elle soit détruite, mais elle maximise les chances qu'une guerre nucléaire soit provoquée accidentellement). Ce n'est donc que si Ego accepte délibérément de se "corrompre lui-même", de "se lier les mains" en aliénant sa liberté à un tiers ou à un mécanisme, qu'il peut effectuer un acte (menacer l'adversaire de représailles) qu'il tient pour conforme au bien – cette auto-corruption apparaissant elle-même conforme au bien. Ces deux derniers traits, eux aussi, heurtent de front des principes moraux que nous tenons pour évidents ou même analytiques. La conclusion générale équivaut à une condamnation de la dissuasion nucléaire, jugée coupable de détruire les bases mêmes de notre jugement moral.

David Gauthier[75], quant à lui, fidèle à la conception selon laquelle l'évaluation de la rationalité des intentions et des plans vient d'abord, et détermine ensuite celle de la rationalité des actes, a tenté de défendre la position qu'il peut être rationnel (et moralement justifié), et donc possible, pour Ego de former l'intention de riposter ; et donc, par voie de conséquence, rationnel et moralement justifié, si la dissuasion venait à échouer, de mettre sa menace à exécution. Gauthier, plus récemment, a pris ses distances par rapport à cette position, sans pour autant montrer de façon satisfaisante pourquoi elle est difficilement soutenable dans le cas de la dissuasion – du moins, la dissuasion nucléaire – alors qu'elle paraît plus naturelle à défendre dans le cas de la promesse ou de l'engagement.

Un instant de réflexion montre que les termes complexes de ce débat sont, pour l'essentiel, déjà en place dans le puzzle de

---

75. D. Gauthier, "Deterrence, Maximization and Rationality", loc. cit.

la toxine. L'intention dissuasive a des effets autonomes, hautement désirables par eux-mêmes (Alter renonce à attaquer), alors même que les effets de l'acte que l'on a l'intention d'effectuer sont, eux, franchement détestables. Les raisons d'avoir l'intention d'agir sont en contradiction avec les raisons d'agir. La majorité des auteurs concluent que les secondes l'emportent sur les premières car l'intention est seconde par rapport à l'action et non l'inverse. La différence principale avec le puzzle de la toxine est évidemment qu'ici, ce n'est pas une machine (de philosophie-fiction) qui détecte l'intention, c'est un autre esprit. Mais cette différence n'est pas bien grande pour celui qui admet, avec le courant cognitiviste dominant, qu'un esprit est une machine à *attribuer* des états mentaux à autrui.

Peut-on sauver la dissuasion (tant sur le plan de la prudence que sur celui de la morale) ? Faut-il en passer par la notion encombrante de volonté – la volonté de celui qui dissuade, sa détermination ? Ou bien doit-on rejeter la prémisse commune à toute cette discussion, à savoir que l'intention est une attitude propositionnelle, donc douée de contenu, avec une face psychologique *et* une face sémantique, pour lui préférer certaines notions de la psychologie d'antan : influence, emprise, ascendant, pouvoir, persuasion, etc. ? Retenons simplement le défi que constitue l'intention dissuasive pour l'entreprise de naturalisation de l'intentionnalité menée par la philosophie analytique de l'esprit. Le malaise de Kavka est évident lorsqu'il doit recourir à des expressions parfaitement étonnantes, et qui détonnent sous la plume d'un philosophe analytique, affirmant par exemple que le *contenu* de cette intention, ce vers quoi elle *tend*, est un acte que le sujet n'a aucunement... l'intention d'accomplir, pour conclure que l'intention dissuasive est... "auto-invalidante" (*self-stultifying*). C'est exactement, nous l'avons vu, le langage qu'utilise Sartre pour parler de la croyance. Poussé par l'ironie, on serait tenté de conclure : encore un petit effort, messieurs les philosophes analytiques, passez, avec armes et bagages, à la phénoménologie. En tout cas, et en conclusion, je vais me livrer devant vous à un petit exercice où je vais confronter, sinon mettre en situation de dialogue, la philosophie analytique de l'esprit et la phénoménologie, sur la question qui nous occupe depuis le début : "Croyons-nous ce que nous croyons ?"

Décider de croire

On aura remarqué que Gregory Kavka, en conclusion de son analyse du puzzle de la toxine, rapproche le cas des intentions de celui des croyances. Il n'est pas possible d'avoir toutes les croyances que nous désirons avoir, affirme-t-il, car nos croyances sont contraintes par les données dont nous disposons dans notre expérience du monde. De même qu'il n'est pas possible de décider de former toute intention que nous souhaitons avoir, de même nous est-il impossible d'acquérir à volonté les croyances qu'il nous arrangerait d'avoir. La croyance est un état mental involontaire. Est-ce si sûr ? On se rappelle que Davidson rangeait parmi les irrationalités le fait de prendre ses désirs pour des réalités (*wishful thinking*). C'est sans doute l'une des choses du monde les mieux partagées qui soit ! Une fois de plus, la philosophie cognitive, bridée par ses postulats rationalistes, se trouve défiée par la réalité de ce qu'elle tient pour irrationnel.

Je vais revenir pour terminer au problème du *mensonge à soi-même* (*self-deception* en anglais) qui nous a déjà beaucoup occupés, et c'est à son sujet que je vais poser la question de la possibilité pour l'agent de faire échapper ses croyances à la contrainte énoncée par Kavka. Comme pour le problème des intentions, la méthode consiste à s'intéresser à des cas que l'on pourrait *a priori* juger singuliers ou pathologiques, afin de mettre à l'épreuve nos intuitions et nos théories. Il se trouve que la question de la *self-deception* est très débattue en philosophie analytique de l'esprit et en sciences cognitives. Il se trouve aussi que c'est l'une des très rares questions pour lesquelles les auteurs anglo-américains n'hésitent pas à se confronter à la phénoménologie, ou plus précisément, à l'une de ses variantes : l'existentialisme sartrien. Ils n'ignorent en effet pas que Sartre a défini ce qu'il nomme, dans *L'Etre et le néant*, la "mauvaise foi" comme mensonge à soi-même, *self-deception*. Comme ils trouvent de plus des arguments relativement cohérents dans le texte de Sartre, ils n'hésitent pas à les inclure dans leurs débats, même si c'est pour les contester. Nous ferons de même, ce qui nous permettra de revenir au thème que nous avons évoqué précédemment, à savoir la possibilité d'un rapprochement, sinon d'une alliance, entre les sciences cognitives et, plutôt que la philosophie analytique, la phénoménologie. Il est vrai que la variante sartrienne se pose d'emblée comme rebelle à toute tentative de naturalisation. Sa définition du "pour-soi" ou de la "réalité humaine" sur le mode du "ne pas être ce que l'on est et être ce que l'on n'est pas", est parfaitement inintelligible à une entreprise logico-scientifique pour qui rien ne peut être dit de sensé qui ne respecte d'abord le principe d'identité. L'humanisme anti-naturaliste de Sartre, son incompatibilité avec la science, restent fondamentalement étrangers à la philosophie qui anime les sciences cognitives. Et cependant, au prix d'une traduction-trahison, cette philosophie autre prend dans Sartre quelque chose, et peut-être lui donne quelque chose en retour.

Sartre traite, nous l'avons dit, la mauvaise foi comme mensonge à soi-même. Mais il ajoute aussitôt qu'il faut distinguer ce mensonge à soi du mensonge tout court. Celui-ci, du moins en son idéal-type, ne lui semble requérir aucun "*fondement ontologique spécial*". Il n'en va pas de même du mensonge à soi-même. Si celui-ci devait être conçu sur le mode du mensonge à autrui, on buterait sur un paradoxe : lorsque je me mens à moi-même, "*je dois savoir en tant que trompeur la vérité qui m'est masquée en tant que je suis trompé. Mieux encore je dois savoir très précisément cette vérité pour me la cacher plus soigneusement – et ceci non pas à deux moments différents de la temporalité – ce qui permettrait à la rigueur de rétablir un semblant de dualité – mais dans la structure unitaire d'un même projet*" (pp. 84-85[76],). "*Pour échapper à ces difficultés*, note encore Sartre, *on recourt volontiers à l'inconscient*". On sait que Sartre rejette l'échappatoire freudienne, en tentant de montrer qu'elle ne fait que déplacer le paradoxe au niveau de la censure, laquelle, elle aussi, est supposée tout à la fois savoir et ne pas savoir la vérité qu'il s'agit de refouler. Quant à la solution existentialiste au problème, elle est fournie par ce que Sartre retient de Husserl, cette structure d'*auto-transcendance* de la conscience qui lui fait dire qu'elle n'est pas ce qu'elle est et qu'elle est ce qu'elle n'est pas.

Sartre reconnaît qu'il existe des "*formes intermédiaires entre le mensonge et la mauvaise foi*". Mais elles ne sont selon lui que des aspects "*abâtardis*", "*courants et vulgaires*", du mensonge.

Des travaux d'outre Atlantique sur la *self-deception* se dégage une critique unanime de Sartre sur ce point. La distinction entre mensonge et mensonge à soi est beaucoup trop tranchée, et c'est justement dans les zones "intermédiaires" que se passent les choses intéressantes. Cette critique est fondamentale, car il est essentiel pour la théorie sartrienne de la mauvaise foi, et donc de la conscience, qu'elle puisse s'édifier sur le cas d'une conscience unique : "*la mauvaise foi ne vient pas du dehors à la réalité humaine ... la conscience s'affecte elle-même de mauvaise foi*" (p. 84). Si l'on montrait que cette coupure entre le mensonge à autrui et le mensonge de la mauvaise foi n'existe pas, c'est du même coup le *mitsein* (l'être-ensemble) que l'on introduirait dans la structure de la mauvaise foi – mais aussi, peut-être, dans celle de la

76. Toutes les citations sont prises dans l'édition Tel de *L'Etre et le néant*, Gallimard, 1943.

conscience. Mais je ne peux poursuivre cette piste plus avant ici[77].

La critique est venue d'abord de Donald Davidson, le philosophe américain dont les travaux sur la *self-deception*, nous l'avons dit, sont les plus influents. Contre plusieurs traditions philosophiques, en particulier la tradition wittgensteinienne, Davidson soutient, on l'a vu, que les raisons que nous avons d'agir doivent être traitées comme des causes de nos actions[78]. Il arrive cependant qu'une cause mentale, à l'intérieur d'un esprit unique, ne puisse être considérée comme une raison : c'est alors qu'on a une irrationalité. Davidson a étudié les conditions de possibilité d'une telle configuration[79]. Il y a un cas dans lequel on saisit bien comment un événement mental peut être la cause d'un autre événement mental sans constituer une raison pour ce dernier, c'est lorsque l'un et l'autre appartiennent à des esprits différents (un sujet en influençant un autre, par exemple, ou lui mentant). Le cas de plusieurs esprits est pour Davidson paradigmatique. S'il y a, dans un esprit unique, une cause mentale qui n'est pas une raison, il faut donc admettre, soutient-il, que cet esprit est cloisonné en compartiments relativement étanches – à l'instar de la topique freudienne, mais sans qu'on ait besoin de supposer que l'un quelconque de ces compartiments échappe à la "conscience" (notion qui, en philosophie analytique de l'esprit, trouve encore difficilement un statut, malgré la pléthore et la variété des recherches menées aujourd'hui à son sujet).

---

77. Cf. Jean-Pierre Dupuy, *Self-Deception and Paradoxes of Rationality*, op. cit.

78. Donald Davidson, "Actions, Reasons, and Causes", in *Essays on Actions and Events*, Chap. 1, Oxford University Press, 1980 ; pp. 3-19.

79. Donald Davidson, "Paradoxes of Irrationality", in R. Wollheim & J. Hopkins (eds.), *Philosophical essays on Freud*, Cambridge University Press, 1982 ; pp. 289-305.

Application à la *self-deception* : revenons à l'exemple, proposé par Davidson, de l'homme embarrassé par une calvitie croissante et qui réussit, par divers moyens cosmétiques et surtout psychologiques, à nier l'évidence, vis-à-vis de lui-même plus encore que des autres[80]. On a vu que, selon Davidson, on peut dire de cet homme, tout à la fois, qu'il croit être chauve *et* qu'il croit ne pas être chauve. Il convient d'affiner l'analyse. Si notre homme réussit à se dissimuler qu'il a la première croyance, c'est parce qu'il ne veut "voir" que la seconde ; et, pourtant, c'est bien *parce qu*'il a la première croyance qu'un mécanisme mental de *wishful thinking* se met en place et qu'il se met à avoir la seconde : la première croyance est bien la *cause* de la seconde, sans évidemment en être une raison, puisqu'elle la contredit. L'agent *décide* de croire ce qu'il désire croire.

Davidson considère que le mensonge à soi-même est un cas particulièrement "dur" de *self-deception* et il ne cherche même pas à en sauver la possibilité. Quant à la *self-deception* plus "molle", située quelque part, quant aux présupposés ontologiques, entre le mensonge et le mensonge à soi, la coexistence de deux croyances contradictoires qui la caractérise est assurée par un cloisonnement de l'esprit. On dira que Sartre a réfuté Davidson par avance, puisque cette solution n'est autre que celle de Freud. C'est possible, mais à l'inconscient, donc la censure, près. Comme la critique de Sartre se focalise sur la mauvaise foi de la censure, il n'est pas évident qu'elle ait prise sur la topique davidsonienne. Mais nous ne pouvons approfondir ici ce point plus avant.

Si Davidson et Sartre diffèrent dans leur analyse de la mauvaise foi, ils sont proches l'un de l'autre en ce qui concerne le mensonge. Sartre note qu'il n'y a "*aucune difficulté à concevoir que le menteur doive faire en toute lucidité le projet du*

---

80. Donald Davidson, "Deception and Division", loc. cit.

mensonge et qu'il doive posséder une entière compréhension du mensonge et de la vérité qu'il altère. Il suffit qu'une opacité de principe masque ses intentions à l'autre... Par le mensonge, la conscience affirme qu'elle existe par nature comme cachée à autrui, elle utilise à son profit la dualité ontologique du moi et du moi d'autrui" (p. 84). Davidson affine l'analyse, bien dans le style analytique de la philosophie de l'esprit. Tout repose sur le jeu des intentions en effet, mais Davidson en distingue et en hiérarchise deux sortes. Il y a d'abord l'intention de tromper ; mais il y a aussi l'intention de dissimuler à autrui cette intention de premier niveau. C'est cette méta-intention, l'intention de dissimuler l'intention de tromper, qui, selon Davidson, constitue la clé du mensonge – et non, par exemple, le fait de dire le contraire de ce que l'on croit être vrai. Il note qu'"*un menteur qui croit que son interlocuteur est pervers peut être amené à dire le contraire de ce qu'il cherche à lui faire croire*"[81]. On songe à la blague juive rapportée par Freud et dont Lacan raffolait : "*Pourquoi me dis-tu que tu vas à Cracovie pour me faire croire que tu vas à Lemberg, alors que tu vas à Cracovie* !"

Sartre ne peut qu'être d'accord, et il ajouterait que dans le cas du mensonge, contrairement au cas du mensonge à soi-même, la réalisation de cette méta-intention, qui est alors l'intention de dissimuler à l'autre qu'on cherche à le tromper, ne pose pas de problème. Par ailleurs, il n'y a pas lieu de se cacher à soi-même qu'on cherche à tromper l'autre : "*le menteur a l'intention de tromper et il ne cherche pas à se dissimuler cette intention ... Quant à l'intention affichée de dire la vérité ("Je ne voudrais pas vous tromper, cela est vrai, je le jure", etc.) sans doute est-elle l'objet d'une négation intime, mais aussi n'est-elle pas reconnue par le menteur comme* son *intention*" (p. 83).

C'est en ce point qu'il est intéressant de faire intervenir une manière d'aborder le problème qui relève de l'esprit des travaux

81. "Deception and Division", loc. cit., p. 88.

d'une autre école de pensée ayant participé à l'essor des sciences cognitives, mais sur la touche, de façon marginale : il s'agit de ce que les Français nomment l'"École de Palo Alto". Fondée par l'anthropologue, naturaliste et philosophe Gregory Bateson, un des compagnons de route de la première cybernétique, elle a gardé de celle-ci le projet de bâtir une théorie générale de la communication qui donne une place aux paradoxes de type autoréférentiel. Un jeune anthropologue américain établi en France, Mark Anspach, qui, à l'instar de son modèle Gregory Bateson, met son expérience anthropologique au service d'une réflexion sur la maladie mentale, s'est penché sur le cas de la *self-deception* des psychotiques. Dans un premier temps de son argumentation, Anspach nous demande de considérer le cas, hypothétique, où c'est le menteur lui-même qui serait "pervers", pour reprendre le mot de Davidson. Ce menteur aurait le bon goût d'avertir autrui que ce qu'il dit est le contraire de ce qu'autrui doit croire. "*Attention, je veux vous tromper, ce que je dis est faux, je le jure, etc.*"[82] L'intention de tromper serait ici dévoilée, voire proclamée, au lieu d'être dissimulée. Anspach nous demande de considérer que nous tenons, avec cette expérience de pensée, un cas de mensonge à autrui qui serait paradoxal, et qui le serait de la même manière, exactement, que le mensonge à soi-même. En effet, celui qui se ment à soi-même se révèle à lui-même, en tant que menteur ayant accès à son intention de tromper, qu'il a l'intention de se tromper. Si je me mens, je me dis à moi-même : "*je me mens, attention, mon moi, ce que je dis est faux*". Vu dans cette perspective, le mensonge à soi-même revêt la forme familière du paradoxe du menteur.

Anspach illustre ce cas de figure sur le cas des psychotiques. Il a repéré, dans le beau livre de Marcel Gauchet et Gladys

82. Mark Anspach, "Madness and the Divided Self", in Jean-Pierre Dupuy, *Self-Deception and Paradoxes of Rationality*, op. cit.

Swain, *La pratique de l'esprit humain*[83], certaines observations d'Étienne Esquirol, le disciple de Pinel, qui apportent de l'eau au moulin de l'École de Palo Alto : le paradoxe de la *self-deception* interprété comme paradoxe du menteur, loin de constituer un problème insoluble en raison de la contradiction qu'il implique, fournit la solution à ce problème par sa forme même de paradoxe (le "*double bind*"). Esquirol explique qu'un patient peut "*très bien connaître le désordre de ses facultés intellectuelles*", s'efforcer de suivre et de croire ce que son thérapeute lui dit, et cependant "*manquer de force de conviction*". "*Je sais tout cela*", dit l'un d'eux, "*mais mes idées sont ailleurs, et je ne suis pas guéri*".[84]

Un autre patient lui dit un jour : "*Si je pouvais croire avec vous que je suis fou, je serais bientôt guéri, mais je ne puis acquérir cette croyance*". Proposition extraordinaire, qu'Anspach analyse avec une grande subtilité. Littéralement, le patient croit qu'il est fou de ne pas croire qu'il est fou. C'est parce qu'il ne croit pas qu'il est fou qu'il est fou – croit-il. Mais inversement, c'est parce qu'il est fou qu'il ne croit pas qu'il est fou – croit-il. Ô surprise, nous retrouvons ici une vieille connaissance, le fameux paradoxe de Moore par quoi nous avons commencé. Mais, ici, ce paradoxe ne constitue pas une manière absurde, donc impraticable, de communiquer ; il est la forme même d'une réalité psychique vécue.

La différence avec la caractérisation davidsonienne de la *self-deception* est double. On n'a pas affaire ici à la coexistence de deux croyances contradictoires (le sujet croyant *p* et croyant *non-p*), mais à la codétermination d'une croyance et d'une non-croyance (le sujet croyant *p* et *ne croyant pas p*) ; par ailleurs, la causalité n'est plus linéaire (la première croyance causant la seconde), elle devient circulaire : la croyance est cause de la non-croyance et celle-ci de celle-là.

83. Gallimard, 1980.

84. Citations dans Gauchet et Swain reprises par Anspach, loc. cit.

Cette figure est proprement paradoxale, ce qui veut dire non nécessairement qu'elle est à rejeter parce qu'impensable, mais tout simplement qu'elle a la forme du paradoxe. Mark Anspach propose une métaphore géométrique pour la visualiser. Ce qui empêche la croyance et la non-croyance de venir au contact l'une de l'autre dans l'esprit de notre aliéné mental, ce n'est pas une cloison comme dans le modèle davidsonien, c'est une bande... de Möbius. En suivant la bande, on passe de la croyance à la non-croyance et inversement, mais elles sont néanmoins de part et d'autre de ce ruban qui les sépare tout en les reliant.

Ce jeu dialectique entre la croyance et la non-croyance nous conduit une nouvelle fois à remarquer que nous sommes finalement beaucoup plus proches ici de la manière sartrienne de concevoir la nature de la croyance que de la philosophie matérialiste de l'esprit, dominée par un "réalisme intentionnel". Souvenons-nous des analyses brillantes de la troisième partie du chapitre sur la mauvaise foi de *L'Etre et le néant*, intitulée "*La 'foi' de la mauvaise foi*". On y lit, ainsi que nous l'avons déjà dit : "*Croire, c'est savoir qu'on croit et savoir qu'on croit, c'est ne plus croire. Ainsi croire c'est ne plus croire, parce que cela n'est que croire...*" (p. 106). Dire que "*la croyance devient non-croyance*" (idem) est notre paradoxe même. Comme la mauvaise foi, conclut Sartre, la croyance est "*évanescente*" (p. 85). Cette conclusion n'est certes pas de nature à convaincre le philosophe matérialiste de l'esprit qui fait alliance avec les sciences cognitives. Mais dit-il autre chose lui-même lorsque confronté, à l'instar de Kavka, à un problème aussi ardu que celui de l'intention dissuasive, il ne trouve rien de mieux que de laisser échapper : l'intention est un état mental autoréfutant (*self-stultifying*) ?

En conclusion, permettez-moi de préciser, pour éviter tout malentendu, que je n'entends offrir... aucune conclusion. J'ai seulement voulu illustrer, par cette étude historique fragmentaire et l'analyse de cas variés, le caractère héroïque d'une entreprise qui entend relever un double défi : bâtir une théorie matérialiste et physicaliste du fonctionnement de l'esprit tout en "sauvant" (c'est-à-dire en fondant) les notions de la psychologie ordinaire (*folk psychology*) par lesquelles nous nous rendons mutuellement compte de notre vie mentale et de nos actions : désirs, croyances, intentions, etc. Que cette entreprise soit – c'est mon pari intime – finalement vouée à l'échec, n'enlève rien au fait que c'est sans doute l'une des aventures intellectuelles les plus excitantes de notre temps.

Discussion

Question : *Dans votre discussion de la possibilité de dépasser l'opposition entre Kuhn et Popper, vous avez eu recours à la métaphore de l'"esprit invisible". Cela évoque évidemment, pour un économiste, celle de la "main invisible". Quel lien faites-vous entre les deux ?*

Jean-Pierre Dupuy : Cette image, je l'ai dit, est due à Peter Railton, un philosophe de l'Université du Michigan à Ann Arbor, qui travaille sur la théorie morale dans ses rapports avec la théorie de la science. C'est sciemment que Railton a forgé cette image en référence à la formule d'Adam Smith, puisqu'il entend, en effet, suggérer une classe de mécanismes analogues à ceux qui, selon la grande tradition des Lumières écossaises, font de la recherche de l'intérêt privé le meilleur moyen d'obtenir l'harmonie collective. Cette figure est d'ailleurs un lieu commun de la pensée du XVIIIe siècle, vous la trouvez déjà chez Bernard de Mandeville et sa *Fable des abeilles*, dont le sous-titre est : "Vices privés, avantages publics". Vous la trouvez aussi chez Goethe, dont le *Faust* met en scène un Méphistophélès qui se définit comme *ein Teil von jener Kraft, die stets das Böse will und stets das Gute schafft* ["une part de cette force qui veut toujours le mal et fait toujours le bien"].

Je profite de votre question pour ajouter un élément à ces fragments d'histoire des sciences cognitives – un élément qui a l'avantage d'illustrer une thèse que je crois vraie, à savoir que la pensée du social a très souvent de l'avance sur la pensée de la nature (et aussi, en l'occurrence, sur la pensée de la machine).

La métaphore de la "main invisible", qui revient à traiter la société comme une immense machine automatique, fonctionnant indépendamment de la conscience et de la volonté des sujets humains lesquels, pourtant, l'actionnent, est l'ancêtre de ce que, depuis John von Neumann, on appelle un automate *complexe*. John von Neumann a joué un rôle décisif dans l'histoire que je raconte, tant par ses recherches sur la théorie des automates naturels et artificiels, justement, aboutissant à la conception de l'ordinateur (dit, parfois, "machine de von Neumann") que par ses travaux en théorie de la décision et de la théorie des jeux. La façon dont la notion de complexité lui vint à l'esprit mérite d'être rapportée parce qu'elle nous amène à revenir sur un point que j'ai déjà abordé, et dont je sais qu'il vous soucie, je veux dire la place éminente qu'occupe la modélisation dans l'activité scientifique et les risques inhérents à cette pratique.

Von Neumann vint à s'intéresser aux problèmes du calcul automatique parce qu'il butait sur les problèmes de la dynamique non linéaire, en particulier dans ses recherches sur la dynamique des fluides. Il pensait par exemple que la chimie ne pourrait accéder au rang de science pure que le jour où l'on saurait intégrer les équations de la mécanique quantique. En attendant, presque tout ce que nous savons au sujet des solutions de ces équations, disait-il, nous le devons aux expériences que nous faisons sur les systèmes physiques eux-mêmes. Singulier renversement, puisque, si l'on admet par définition que le modèle est plus simple et mieux maîtrisable que l'objet qu'il représente, alors c'est ici l'objet naturel qui sert de modèle à l'objet mathématique, et non l'inverse.

Ce basculement de l'idée de modèle est contemporain du mouvement par lequel la science se concentre sur l'étude des objets "complexes", au sens que von Neumann a donné à ce mot. Le modèle mathématique, artificiel, perd son statut d'instrument de maîtrise, puisqu'on ne sait pas le *résoudre*. La complexité de l'objet réel est irréductible, et seule l'histoire de cet objet dans le monde peut nous dire ce dont il est capable. Cette idée révolutionnaire, que les sciences de la nature (et de l'artificiel) découvrent à cette époque, est en réalité une vieille connaissance de la pensée du social. On ne devrait peut-être pas s'en étonner, tant il est vrai qu'aucun objet du monde physique ou mécanique n'atteint la complexité d'une société. Ce n'est sans doute pas un hasard si Friedrich von Hayek, le représentant le plus éminent de la tradition de la "main invisible" au XXe siècle, se réfère dès la fin des années 30 au passage suivant du *Manuel d'économie politique* de Vilfredo Pareto. Celui-ci écrivait en 1906 que le modèle de l'équilibre économique général, mis au point par Léon Walras et par lui-même, et qui formalise le mécanisme de la formation des prix sur un marché concurrentiel, "*ne vise nullement à un calcul numérique des prix. Faisons en effet l'hypothèse la plus favorable pour un tel calcul, supposons que nous ayons triomphé de toutes les difficultés consistant à trouver les données du problème et que nous connaissions les* ophélimités[85] *de tous les différents produits pour chaque individu, et toutes les conditions de production de tous les produits, etc. Cela est déjà une hypothèse absurde. Pourtant elle n'est pas suffisante pour rendre la solution du problème possible. Nous avons vu que dans le cas de 100 personnes et de 700 produits il y aura 70 699 conditions (en fait, un grand nombre de circonstances que nous avons négligées jusqu'ici augmenteront ce nombre) ; nous devrons donc résoudre un système de 70 699 équations. Cela excède en pratique les pouvoirs de l'analyse algébrique, et cela est plus vrai encore si l'on songe au nombre fabuleux d'équations que l'on obtient pour une population de quarante millions d'habitants et plusieurs milliers de produits.* Dans ce cas, les rôles s'inverseraient : *ce ne seraient plus les mathématiques qui viendraient au secours de l'économie politique, mais l'économie politique qui viendrait au secours des mathématiques. En d'autres termes, si l'on pouvait réellement connaître toutes ces équations, le seul moyen pour les résoudre qui soit accessible aux pouvoirs*

---

85. c'est-à-dire les "utilités" ou "désirabilités".

de l'homme serait d'observer la solution pratique qui leur est donnée par le marché.[86]"

Le contexte idéologique, en tout cas pour ce qui est de Hayek, est clair : seul le marché peut nous dire ce dont il est capable. Le meilleur modèle, et le plus simple, du comportement du marché, c'est le comportement du marché lui-même. L'information que le marché mobilise et met au service de ceux qui se laissent porter par sa dynamique, n'est pas "compressible". Nul, donc, ne peut s'en dire le détenteur, ni prétendre commander à ce que Hayek lui-même n'hésite pas à appeler les "*forces aveugles du processus social*" – aveugles, mais bénéfiques.

Le modèle mathématique qui décrit un objet complexe est lui-même un objet complexe. Un des "modèles" possibles de cet objet complexe qu'est le modèle mathématique en question, nous venons de le voir, c'est l'objet réel lui-même. Mais, grâce à von Neumann, l'apparition de l'ordinateur ouvre une nouvelle possibilité : la *simulation* numérique. A son tour, l'objet mathématique est traité comme un objet naturel. Sa définition n'est pas "génétique", c'est-à-dire que l'on ne peut déduire de la définition toutes les propriétés de l'objet. Pour connaître celui-ci, il est donc indispensable de recourir à l'expérimentation, sur la représentation matérialisée dans l'ordinateur. Très tôt, von Neumann fut donc sensible à l'idée que nos constructions intellectuelles, dès lors qu'elles sont "complexes", ne sont pas d'une nature radicalement différente de celle des objets du monde physique ou matériel. Cela ne pouvait que le préparer à "déconstruire" la relation hiérarchique inhérente à la notion de modèle. C'est en tout cas cette position philosophique qui fournit à von Neumann la motivation et l'énergie nécessaires à la conception et au développement des calculateurs électroniques.

---

86. Cité par F. von Hayek, *Individualism and Economic Order*, University of Chicago Press, 1976, p. 181-182.

C'est dans ses travaux sur la théorie des automates que von Neumann devait préciser cette notion de complexité. Choisissant d'en faire une grandeur de type thermodynamique, il conjecturait qu'en deçà d'un certain seuil, elle est dégénérative, le degré d'organisation ne pouvant que décroître, mais qu'au-delà, la *complexification* n'est pas une notion contradictoire. Or ce seuil de complexité, supposait-il, est aussi celui où la structure de l'objet devient plus simple que la description de ses propriétés. Dans le cas habituel, celui des machines simples, il est moins compliqué de dire avec des mots ce dont l'automate est capable que de présenter son plan de câblage. Pour des automates complexes, l'inverse serait vrai : il serait plus simple, voire infiniment plus simple, de décrire la structure de l'automate que de décrire complètement son comportement.

Cette conjecture de von Neumann sur la complexité a ouvert la voie à un matérialisme non réductionniste fort différent de ceux que j'ai déjà mentionnés (le fonctionnalisme computationnel et représentationnel propre au cognitivisme, d'une part, le monisme anomal de Donald Davidson, d'autre part). Elle rend, par exemple, non contradictoires les deux propositions suivantes : 1) Des mécanismes physico-chimiques sont capables de produire la vie ; 2) La vie est (infiniment) plus complexe que les mécanismes physico-chimiques qui l'ont engendrée. Il est cohérent d'embrasser une ontologie tout à la fois non substantialiste[87] (ici, non vitaliste) *et* non réductionniste. Cette conclusion est remarquable si l'on note que les ontologies non réductionnistes sont très généralement substantialistes, et les ontologies non substantialistes presque toujours réductionnistes.

---

87. c'est-à-dire qui donne au niveau supérieur le statut d'une substance propre, différente de celle qui caractérise les éléments du niveau inférieur. Ainsi, le vitalisme fait de la vie une substance vitale, dont la nature ou l'essence échappe à l'ordre physico-chimique.

Il n'est pas difficile d'imaginer les conclusions que von Neumann pouvait tirer de ses idées sur la complexité en ce qui concerne la philosophie de la modélisation. Lorsque les neurophysiologistes lui reprochaient de ne pas assez faire la différence entre les automates naturels et les automates artificiels, il répliquait que cette distinction irait de plus en plus en s'affaiblissant. Bientôt, prophétisait-il, le constructeur d'automate serait aussi désarmé devant sa création que nous le sommes devant les phénomènes naturels complexes. Le modèle, qui était hiérarchiquement subordonné au réel qu'il ne faisait que mimer, s'émancipe et devient l'égal de son référent. Soit un objet naturel que l'on cherche à modéliser, et dont la complexité est au-delà du seuil critique postulé par von Neumann. Le modèle, s'il doit être fidèle à ce qu'il représente, devra lui aussi dépasser ce seuil. Mais alors, il sera non seulement modèle de son objet, mais aussi modèle de lui-même, ou plutôt de son propre comportement. Il n'en faut pas davantage pour que le modèle ne renvoie plus qu'à lui-même, polarisant sur lui l'attention, au détriment de l'objet originel. C'est ainsi que la neurophysiologie laisse la place à l'intelligence artificielle. L'autonomisation du modèle se confond avec la modélisation de l'autonomie. Griserie et paradoxe de fabriquer un automate, c'est-à-dire un être qui ne tienne sa loi que de lui-même. Comble de la volonté de puissance que de se vouloir la cause d'un être qui soit cause de soi, inconditionnée ; et, simultanément, perte de soi dans le miroir tendu par une créature faite à son image.

Question : *Vous semblez mettre ensemble Hayek et von Neumann, le champion du libéralisme économique et l'un des artisans des sciences cognitives. Mais n'a-t-on pas là deux paradigmes très dissonants ?*

Jean-Pierre Dupuy : Sur le fond, j'ai essayé de vous dire qu'il y avait de profondes résonances entre ces deux paradigmes.

Historiquement, maintenant, il se trouve que Friedrich von Hayek a été intimement mêlé à l'aventure intellectuelle des sciences cognitives naissantes. Le futur prix Nobel d'économie participa à l'une des conférences sur l'auto-organisation réunies par von Foerster au cours des années 60, ainsi qu'au symposium Alpbach de 1968, *Beyond Reductionism*, organisé par Arthur Koestler, l'un des grands moments de la pensée systémique. Ses "ordres sociaux spontanés" sont devenus, dans les colloques interdisciplinaires d'aujourd'hui, les compagnons des systèmes autopoiétiques de Maturana et Varela, et des structures dissipatives de Prigogine. Mais j'insiste sur le fait que c'est dans les ressources propres à la philosophie sociale que Hayek puisa, bien plus que dans celles de la cybernétique ou de ses avatars. L'influence se fit sentir, en fait, surtout dans l'autre sens. Ainsi, lorsque Rosenblatt conçut son fameux "Perceptron", l'un des avatars de la machine de McCulloch, il reconnut sa dette à l'égard de Hayek.

En vérité, Hayek n'avait nul besoin de chercher ailleurs que dans la tradition libérale des Lumières écossaises (celle de la "main invisible") de quoi penser ce qui est l'équivalent, dans l'ordre du social, de la conjecture de von Neumann sur la complexité. Cette tradition tient en effet pour non contradictoires les deux propositions suivantes (configuration analogue à celle que j'ai présentée plus haut au sujet de la vie et des processus physico-chimiques qui la produisent) : 1) Ce sont les hommes qui "agissent" leur société ; 2) La société leur échappe, parce qu'elle est (infiniment) plus complexe qu'eux. On peut sans incohérence être non réductionniste sans avoir à accepter le holisme. S'il est vrai qu'il s'agit encore d'un individualisme méthodologique, il s'oppose à ce que l'on entend habituellement par là, précisément par le refus du réductionnisme. J'ai proposé, en hommage à von Neumann, de parler d'individualisme méthodologique *complexe*[88].

88. Jean-Pierre Dupuy, *Introduction aux sciences sociales. Logique des phénomènes collectifs*, Ellipses, 1992.

Pour Hayek, l'"ordre social spontané" constitue un troisième type d'ordre, à côté de l'ordre naturel et de l'ordre artificiel. C'est une émergence, un effet de composition, un effet de système. Le "système" n'est évidemment pas un sujet doué de conscience et de volonté. Le savoir qu'il mobilise est irréductiblement distribué sur l'ensemble de ses éléments constitutifs, il ne saurait être synthétisé en un lieu qui serait celui du "savoir absolu" du système sur lui-même. Ce savoir collectif est porté par l'ordre social en tant qu'il est le "*produit de l'action des hommes mais non de leurs desseins*[89]", et n'est récapitulable par aucune conscience individuelle. C'est un *savoir sans sujet*. Il s'incarne dans des normes, des règles, des conventions, des institutions, lesquelles s'incorporent dans les esprits individuels sous la forme de schèmes abstraits. Le thème de la cognition sans sujet, dont j'ai dit qu'il constituait une invention majeure de la cybernétique, se trouvait donc déjà en fait dans une certaine pensée du social. Encore fallait-il le reconnaître, l'expliciter, et c'est le mérite de Hayek que de l'avoir fait.

Une dernière observation à ce propos, pour aider à nouer quelques fils, dans cette histoire dont je reconnais qu'elle est encore assez décousue. Au symposium *Beyond Reductionism*, Hayek fut amené à penser ce rapport paradoxal entre un savoir collectif sans sujet et les sujets individuels en termes d'*auto-transcendance* ("self-transcendence"). On ne peut manquer de faire le rapprochement avec la figure phénoménologique de la "transcendance dans l'immanence". Dans le cas de l'esprit, comme dans celui du social, la figure paradoxale, mais

89. "*The result of human action but not of human design*" : cette expression est souvent utilisée par Hayek. Il s'agit d'une citation de l'un des membres les plus influents des Lumières écossaises du XVIIIe siècle, après David Hume et Adam Smith : Adam Ferguson. Ferguson est généralement considéré dans les pays de langue anglaise comme le précurseur de la sociologie. Sa sociologie relève de l'individualisme méthodologique (complexe) et est fort éloignée de celle de Durkheim, qu'elle précède de plus d'un siècle.

que l'on peut désormais penser en termes de *mécanismes*, est celle d'une mise en extériorité de soi par rapport à soi.

Question : *Que pouvez-vous dire au sujet de ces paradigmes dont il est largement reconnu qu'ils sont faux, mais qui, chemin faisant, peuvent conduire à des résultats ou des conclusions justes ? Je pense en particulier au paradigme néo-classique en économie : il y a un accord assez général maintenant pour dire qu'il est largement faux dans ses hypothèses de départ et, cependant, il a un certain pouvoir explicatif, en matière de fonctionnement des marchés financiers, par exemple.*

Jean-Pierre Dupuy : Un logicien vous répondrait que, dans le cadre d'un système formel au sens de la logique, du faux on peut déduire n'importe quoi et son contraire. Mais les théories scientifiques (tant mieux pour elles, sans doute) n'ont pas la rigueur, ni la rigidité, des systèmes formels. Un anthropologue ou sociologue des sciences, comme Merton, vous ferait remarquer, quant à lui, que dans le domaine du social, les théories, scientifiques ou non, du fonctionnement du social font partie de ce fonctionnement même. Il peut arriver qu'elles prennent les apparences de la vérité, non pas parce qu'elles étaient au départ adéquates à une réalité indépendante, mais parce qu'elles ont façonné la réalité à leur image. On a ainsi pu dire que si la théorie keynésienne a été une théorie "vraie" pendant les "Trente Glorieuses", c'est surtout parce que les gouvernements de l'époque pratiquaient des politiques keynésiennes en s'appuyant sur l'appareil statistique et de mesure que de telles politiques nécessitent et présupposent. Les théories peuvent produire des "effets de vérité" à la manière des prophéties autoréalisatrices.

Mais votre question me fait inévitablement penser à l'épistémologie de l'économie qu'a proposée Milton Friedman. Je vais en dire quelques mots, parce que la théorie de l'"esprit invisible" que je vous ai présentée y brille par son absence, si l'on peut dire.

On observe que peu d'épistémologues ou de philosophes professionnels travaillent sur l'épistémologie de la science économique[90]. Le coût d'accès en connaissances techniques et mathématiques explique sans doute ce fait. Ce sont pour l'essentiel les économistes eux-mêmes qui ont écrit l'épistémologie de leur domaine. Le résultat est malheureusement parfois éloigné de ce que permettrait le terrain singulièrement riche que représente l'économie pour l'épistémologie des sciences sociales. Tentant, eux aussi, de sortir des vieilles ornières du débat Kuhn-Popper, beaucoup ont cru trouver refuge dans la position, en quelque sorte intermédiaire, fournie par Lakatos. Il est instructif de s'interroger sur les raisons de l'engouement qu'a connu le modèle des "programmes scientifiques de recherche" chez les économistes. On a pu avancer l'hypothèse que c'est parce que les économistes ont cru trouver dans la philosophie des sciences élaborée par Lakatos une justification de leur pratique conservatrice qu'ils lui auraient fait un accueil enthousiaste[91]. L'épistémologie de Lakatos, en effet, fonde en raison – et c'est en cela qu'elle est poppérienne – une pratique de science normale à la Kuhn, en rehaussant de façon considérable le seuil de falsification. Le "noyau dur" (*hard core*) d'un programme de recherche ne peut être falsifié – il joue le rôle du paradigme kuhnien ; seuls les éléments de la "ceinture protectrice" (*protective belt*) peuvent l'être, et encore seulement si l'expérience ou l'observation réfutante a valeur de confirmation pour un nouveau

90. Parmi les exceptions, citons Daniel Hausman. En particulier, "Why look under the hood ?", in *Essays on Philosophy and Economic Methodology*, Cambridge, UK, Cambridge University Press, 1992 ; et *The Philosophy of Economics. An Anthology*, 2e édition, Cambridge, UK, Cambridge University Press, 1994.

91. Deborah Redman, *Economics and the Philosophy of Science*, New York, Oxford, Oxford University Press, 1991.

programme de recherche qui apparaît supérieur au premier. On conçoit que ce "falsificationnisme sophistiqué" ait peu de chances d'être opérant, et que la raison conseille de s'en tenir au noyau dur du paradigme existant.

A en croire une statistique établie par Daniel Hausman[92], c'est cependant le célèbre article publié par Milton Friedman en 1953 sous le titre "The Methodology of Positive Economics" qui aura eu le plus d'influence sur les économistes de la seconde moitié du XXe siècle[93]. Rosenberg est en désaccord, qui voit la méthodologie friedmanienne supplantée aujourd'hui par l'épistémologie lakatosienne[94]. Pour mon propos, cela est en vérité indifférent, car, quelles que soient les idiosyncrasies épistémologiques du texte de Friedman, il ambitionne lui aussi de justifier en raison qu'un corps d'hypothèses trop manifestement fausses pour ne pas être rejetées d'emblée par un falsificationnisme "naïf", serve néanmoins de "noyau dur" non falsifiable à la science économique. C'est en ce sens que je retrouve votre question.

L'article de Friedman fait partie de ces grands classiques dont on connaît la teneur même si on ne les a pas lus. Quel économiste ignore l'exemple qui orne le cœur de la démonstration, celui des feuilles de cet arbre hypothétique dont tout se passe *comme si*, armées de leur règle à calcul et de leur connaissance des lois de la physique, et dotées de la capacité de se mouvoir rapidement d'une position à une autre, elles cherchaient, chacune pour son propre compte, à maximiser la quantité de lumière qu'elles reçoivent à configuration de leurs congénères donnée ? L'hypothèse est évidemment fausse, concède Friedman, mais elle a néanmoins une

92. *The Philosophy of Economics. An Anthology*, loc. cit.

93. M. Friedman, "The Methodology of Positive Economics", in *Essays in Positive Economics*, Chicago, Chicago University Press, 1953.

94. A. Rosenberg, "What Rosenberg's Philosophy of Economics Is Not", *Philosophy of Science*, 53, 1986, pp. 127-132.

"*grande plausibilité*" parce qu'on peut en *déduire* des propositions qui sont confirmées par l'observation ou l'expérience. Les raisons de ce heureux hasard tiennent à l'existence d'un mécanisme, que l'on n'a pas l'obligation de mettre au jour, et qui fait qu'une adaptation purement passive aux circonstances peut produire un comportement semblable à celui d'une conduite intentionnelle. Ces raisons frôlent l'analycité dans l'autre exemple fameux (imaginé par Friedman et Savage), celui du champion de billard dont les coups sont ceux-là mêmes qu'il effectuerait s'il savait résoudre les équations complexes qu'un mécanicien rationnel, appliquant les lois du rebond élastique, aurait d'ailleurs le plus grand mal à poser : si l'on ne pouvait pas faire cette hypothèse, notre joueur de billard ne serait tout simplement pas un champion. C'est une démarche analogue qui permettrait de poser que les agents humains sont des maximisateurs globaux.

Dans les termes de la philosophie des sciences, la méthodologie de Friedman, foncièrement (et crânement) antiréaliste, est un instrumentalisme, comme en témoigne cette citation de son article : "*Le but ultime d'une science positive est de mettre au point une 'théorie' ou une 'hypothèse' qui permette de faire des prédictions valides et signifiantes (au sens qu'elles ne sont pas des truismes) au sujet de phénomènes non encore observés*" (p. 7). Cependant, comme le souligne Daniel Hausman[95], il s'agit d'un instrumentalisme d'un genre très particulier. Puisque les hypothèses de la théorie économique sont testables, un instrumentalisme standard ne les ferait certes pas échapper à l'épreuve de la falsification ; or cette épreuve les ferait très vraisemblablement chuter. Cet "instrumentalisme étroit" ressemble très précisément à ce que serait un système logique dans lequel on ne demanderait pas aux axiomes d'être vrais : cette exigence ne porterait que sur leurs conséquences. Cette position théorique singulière,

95. "Why look under the hood ?", loc. cit.

qui présuppose que l'on puisse ainsi distinguer entre les prémisses (*assumptions*) et leurs implications, constitue probablement l'épistémologie spontanée de nombreux économistes. Ce que je vous ai expliqué au sujet de la théorie de l'"esprit invisible" montre qu'elle n'est pas défendable.

Manquant le schéma de l'"esprit invisible", c'est à l'intérieur d'une seule et unique communauté paradigmatique que Friedman croit possible de bâtir une épistémologie sur des raisons épistémiques *instrumentales.* Il ne s'agit même plus ici de croire pour donner toutes ses chances à la voie que l'on explore, même si elle s'avère mener à une impasse et qu'on a des raisons de prévoir qu'il en sera ainsi. Il s'agit, pour l'économiste, de croire les propositions qui définissent le noyau dur de son paradigme alors même qu'il les tient pour manifestement fausses, et cela, afin de maximiser les croyances vraies qu'il forme sur le monde social. Puisque c'est constitutivement, et non pas instrumentalement, que la croyance vise la vérité, ce détour par le faux pour produire le vrai est irrecevable.

Question : *On a l'impression, à vous écouter, que pour ce qui est de l'éthique de la recherche scientifique, cela n'a au fond pas d'importance de s'interroger sur les raisons que l'on a de croire dans les théories ou modèles que l'on a fait siens. Raisons épistémiques ou instrumentales, bonnes ou mauvaises, quelle différence cela fait-il ?*

Jean-Pierre Dupuy : Ce n'est pas que, dans le cadre théorique que j'ai esquissé, il n'est pas important de s'interroger sur ses propres raisons, c'est qu'il est essentiel de ne pas le faire ! Vous avez raison, il y a quelque chose de désagréable, au plan d'une éthique personnelle, dans ce schéma de l'esprit invisible. Le schéma en question appartient à la catégorie générale de ce qu'on appelle, depuis Hegel, les schémas de la "ruse de la raison". Vous les trouvez partout, et dans les camps idéologiques les plus opposés, dans le structuralomarxisme de Louis Althusser aussi bien que dans le libéralisme résolument dogmatique de Hayek. Le monde est comme une scène de théâtre sur laquelle, que vous ayez bien ou mal appris votre texte, que vous le récitiez avec conviction ou en butant sur les mots, la pièce dont vous n'êtes qu'un personnage se déroulera jusqu'à son terme, inéluctablement. Et il ne faut surtout pas, comme dans les pièces de Pirandello, chercher à savoir qui est l'auteur ! Hayek va jusqu'à dire que l'attachement aux principes du libéralisme doit être dogmatique, c'est-à-dire que l'on doit croire en ces principes comme l'on croit aux dogmes d'une religion. En effet, si l'on commence à s'interroger sur leur validité, animé d'un esprit critique cartésien, myope comme l'on est, on sera tenté mille fois plutôt qu'une de les abandonner en faveur d'un "rationalisme constructiviste" qui est pour Hayek, comme l'on sait, la plaie de nos sociétés. Cette apologie de la méconnaissance, cette insistance sur les limites de la raison humaine, heurte de front, je vous l'accorde, une certaine éthique de la conscience volontaire. Mais vous avez simplement là la projection sur le plan de la morale de l'idée dont j'ai dit qu'elle était l'idée régulatrice des sciences cognitives (même si – nouvel exemple de ruse de la raison – elles n'en ont pas toujours conscience) : celle d'une connaissance sans sujet, voire d'une cognition sans mentalisme. Et que dire alors de celui qui prétend voir ce que les autres ne voient pas, se plaçant au niveau du Système : Hayek dans le cas de l'évolution de la culture humaine, moi, plus modestement, dans le cas d'un centre de recherches en sciences cognitives ? Je vous ai déjà exprimé mes doutes et mes affres à ce sujet.

Pour ce qui est de la psychologie de la recherche scientifique, il n'y a de toute façon pas de souci à se faire : si le schéma que je vous ai présenté a quelque validité, tôt ou tard le chercheur lambda croira à son paradigme avec la foi du charbonnier. Permettez-moi, à ce propos, d'évoquer une anecdote. Au début des années 70, j'avais avec Philippe d'Iribarne mis sur pied un centre de recherche, le CEREBE (Centre d'Etudes et de Recherche sur l'Economie du Bien-Etre), dans lequel nous menions des travaux qui remettaient en cause certaines des propositions centrales de la théorie économique, sans pour autant trop s'éloigner du cadre général de celle-ci. Un jour, Philippe d'Iribarne exposait ses recherches au séminaire Malinvaud-Roy, l'un des hauts lieux de l'économie orthodoxe à l'époque. A la fin, visiblement excédé, Edmond Malinvaud se lève et dit en substance : "Monsieur d'Iribarne, si vous aviez raison, c'est toute ma vie de chercheur qui serait remise en cause. Et cela est intolérable. Donc, vous avez forcément tort." Il ne faut pas s'empresser de rire, j'ai vu des choses analogues dans bien d'autres secteurs de la recherche scientifique et jusque dans cette philosophie analytique à prétentions scientifiques. Mais ne faut-il pas préférer cette foi du chercheur au scepticisme, voire au nihilisme qui font si "tendance" dans le petit monde des intellectuels ?

Question : *Vous avez évoqué deux types de philosophie en rapport avec le développement des sciences cognitives : la philosophie analytique et la phénoménologie. Qu'en est-il de la théorie kantienne de la connaissance ? Doit-on la remiser au placard des vieilleries, définitivement condamnées par les avancées de la science ?*

Jean-Pierre Dupuy : Je voudrais plaider la thèse exactement inverse. Le kantisme, ou plutôt son esprit, est plus vivant que jamais dans une bonne partie de ce qui se donne aujourd'hui comme science de l'esprit. Le dispositif central de la théorie kantienne de la connaissance est ce paradoxal "synthétique *a priori*" isolé par Kant, ces lunettes qui nous permettent de voir le monde et que nous ne voyons pas. Or McCulloch, par exemple, aboutit à son modèle de 1943 parce qu'il était mu par une ambition philosophique considérable, celle de donner une base purement neuroanatomique et neurophysiologique au jugement synthétique *a priori*, et de fonder ainsi une neurologie de l'esprit. Si nous nous tournons vers le cognitivisme, nous pouvons y déceler une même inspiration kantienne. C'est du moins la thèse qu'a développée ma collègue Joëlle Proust en cherchant à dégager ce qu'elle appelle la "philosophie implicite" de l'intelligence artificielle[96]. La façon dont les représentants attitrés de celle-ci, tels Allen Newell et Herbert Simon, se représentent leur travail, et surtout le présentent à leur public et à leurs commanditaires lorsqu'il s'agit de défendre et illustrer les ambitions d'une discipline nouvelle, pourrait aisément mettre sur une fausse piste, nous met en garde Joëlle Proust. Il s'agit alors pour eux de montrer que l'intelligence artificielle est une science respectable qui, bien que science de l'"artificiel", contribue à la connaissance *empirique* de la Nature : construire une machine qui incarne une hypothèse sur la réalité, ou constitue un modèle de celle-ci, et mettre à l'épreuve cette hypothèse ou ce modèle en faisant fonctionner la machine, c'est être fidèle à la méthode expérimentale qui prévaut dans les sciences de la nature.

En vérité, montre Joëlle Proust, le souci même d'universalité manifesté par l'intelligence artificielle permet d'interpréter sa démarche sous un tout autre éclairage : l'intelligence artificielle est une philosophie, et une philosophie de type transcendantal. Elle est à la recherche des conditions formelles de l'activité cognitive qui sont communes à tous les systèmes capables d'une telle activité, qu'il s'agisse de sujets humains, d'animaux ou de machines. Elle explore tous les modes possibles d'intelligence, au-delà de ceux que l'homme est susceptible d'exhiber. L'objet de son enquête, ce sont finalement les conditions *a priori*, nécessaires et suffisantes, qui

---

96. Joëlle Proust, "L'intelligence artificielle comme philosophie", *Le Débat*, n°47, novembre-décembre 1987.

tout à la fois rendent la connaissance possible et fondent l'objectivité de cette connaissance, et donc son universalité.

Certes, la solution proposée par l'intelligence artificielle à ce problème n'est pas la solution kantienne. Le sujet transcendantal y est remplacé par le "système symbolique physique" ; à l'universalité de la synthèse *a priori* répond l'universalité de la machine de Turing. Mais dans l'un et l'autre cas, la distinction entre psychologie et critique de la connaissance, entre lois contingentes de la cognition et règles nécessaires, est soigneusement marquée, à la manière kantienne.

Kantisme, oui, mais sans sujet transcendantal, disait Paul Ricoeur à propos du structuralisme de Claude Lévi-Strauss[97]. La formule s'applique, me semble-t-il, à merveille à la cybernétique. Pas plus que le "Système Symbolique Physique" de Newell et Simon, le réseau neuronal de McCulloch et Pitts, n'est, ni ne prétend être, un modèle du sujet. De l'esprit (au sens de *mind*), oui, du sujet, non. Un esprit sans sujet, voilà peut-être, je le répète tant ce point me paraît important, l'apport le plus significatif de la cybernétique, et au-delà des sciences cognitives, à la philosophie. Le rapprochement avec Lévi-Strauss s'impose d'autant plus, comme je l'ai dit dans mon exposé, que celui-ci faisait explicitement référence à la cybernétique dans son *Introduction à l'œuvre de Marcel Mauss*, que beaucoup considèrent comme le manifeste du structuralisme français. La tâche de l'anthropologie sociale, affirmait-il, est de révéler les "structures mentales inconscientes" à l'œuvre derrière des pratiques comme celle de l'échange de dons dans les sociétés archaïques. Ces structures, qui jouent le rôle d'un synthétique *a priori*, se manifestent dans des phénomènes de communication, et la "pensée symbolique" est structurée comme un langage[98].

---

97. Paul Ricoeur, "L'herméneutique et le structuralisme", *Esprit*, novembre 1963, p. 618.

98. Cl. Lévi-Strauss, "Introduction à l'œuvre de Marcel Mauss", in M. Mauss, *Sociologie et Anthropologie*, PUF, 1973.

Nous sommes en 1950, et Lévi-Strauss a déjà opéré son tournant sémiotique sous l'influence de Roman Jakobson. Or, les deux années qui précèdent ont paru coup sur coup *Cybernetics* de Norbert Wiener (1948) et *The Mathematical Theory of Communication* de Claude Shannon et Warren Weaver (1949). Lévi-Strauss se persuade qu'une théorie mathématique de la communication apportée par la linguistique à l'anthropologie est la voie d'avenir pour les sciences sociales...

En inventant un type d'enquête transcendantale qui faisait l'économie du sujet, la cybernétique, et au-delà les sciences cognitives, auront bien servi cette entreprise inaugurée par Kant, je veux dire la déconstruction de la conception métaphysique de la subjectivité.

Question : *Une question qui nous préoccupe beaucoup, à l'INRA, est celle du bien-être animal, aussi bien en élevage qu'en situation d'expérimentation, en laboratoire. Nous nous posons notamment des questions d'ordre éthique, concernant par exemple l'expérimentation animale. Or vous nous avez expliqué que, du point de vue des sciences cognitives, l'esprit est une machine, et que cela vaut autant pour les êtres humains que pour les animaux. Quelle est l'implication de cette vision des choses pour les questions morales qui sont les nôtres ? Les sciences cognitives peuvent-elles nous aider à tracer des limites ? Nous admettons, par exemple, que nous devons tenir compte du bien-être ou de la souffrance des vaches ou des primates. Mais qu'en est-il du ver de terre ou du moustique ? Il faut bien s'arrêter quelque part. Les sciences cognitives peuvent-elles nous être d'un quelconque secours dans la détermination des frontières ?*

Jean-Pierre Dupuy : Votre question soulève plusieurs problèmes majeurs. D'abord, qu'est-ce que les sciences cognitives ont à nous dire au sujet de la cognition animale ? Y a-t-il de l'intentionnalité chez les animaux, ou seulement chez certains d'entre eux ? Où passe la frontière, s'il y en a une, entre les animaux à intentionnalité et les animaux sans ? Les bêtes peuvent-elles former des représentations et même des métareprésentations, c'est-à-dire peuvent-elles se représenter les représentations de leurs congénères ? Je vous avoue mon incompétence sur ce genre de questions, sans aucun doute passionnantes, et préfère vous renvoyer à l'ouvrage récent de Joëlle Proust, *Comment l'esprit vient aux bêtes*[99].

Deuxième problème, celui des articulations possibles entre sciences cognitives et philosophie morale en général. Vaste chantier, que je me garderai bien d'ouvrir ici. D'un côté, il semble que l'on doive admettre que "je dois" implique ou présuppose "je peux" : une éthique dont les prescriptions dépasseraient les capacités cognitives des êtres que nous sommes ne serait pas acceptable. Par exemple, une morale de l'intention bonne doit pouvoir être compatible avec ce que nous savons au sujet de la nature des intentions. J'ai mis en évidence dans la dernière partie de mon exposé, en prenant l'exemple de l'intention dissuasive, quelques paradoxes ou apories auxquels conduit à ce propos la conception psycholinguistique de l'intentionnalité. Les sciences cognitives apparaissent donc utiles en ce qu'elles fixent certaines contraintes à l'éthique.

D'un autre côté, cependant, je dois vous avouer mon scepticisme, pour dire le moins, devant les efforts actuels de certains chercheurs qui tentent de naturaliser l'éthique selon un modèle, matérialiste, mécaniste, et éventuellement évolutionniste, analogue à celui de la naturalisation de la cognition. Que de naïvetés navrantes ne nous sert-on pas au sujet, par exemple, de l'enracinement biologique de l'altruisme ? Mais ici non plus, je ne suis pas un expert. Je vous suggère de

99. Gallimard, 1997.

consulter un chercheur comme Jean-Pierre Changeux. Il saurait sans nul doute mieux vous répondre que moi. N'a-t-il pas en effet accepté de prendre la présidence du Comité consultatif national d'éthique alors même que, fort d'un modèle de la cognition qui est l'héritier direct du modèle de McCulloch et Pitts, il pouvait s'écrier, quelques années auparavant : "*L'homme n'a dès lors plus rien à faire de l'"Esprit", il lui suffit d'être un Homme Neuronal*"[100] ?

Ce n'est pas dans la Nature ni dans le mécanique ou la logique que je vois, quant à moi, l'émergence de l'éthique, mais, à la manière durkheimienne, dans le social et, plus précisément, dans la genèse religieuse du social. Qu'il n'y ait pas de malentendu : je ne veux pas dire que l'éthique, c'est ce que telle ou telle religion nous prescrit de faire ou de ne pas faire. Que signifierait d'ailleurs, pour prendre un exemple, l'expression "éthique chrétienne" ? Je veux dire que si l'on mettait au jour les mécanismes qui expliquent la genèse du religieux, ce lien présent dans toutes les sociétés humaines entre le monde des hommes et un ailleurs qu'ils postulent, on découvrirait sans doute du même coup les mécanismes qui expliquent la genèse de l'éthique. Pour ce qui est du problème qui vous soucie, je vous conseillerais d'aller voir du côté de la substitution du sacrifice animal au sacrifice humain, telle que la met en scène l'histoire d'Abraham et d'Isaac. Il conviendrait de s'interroger sur la thèse selon laquelle l'animal a commencé à acquérir de la dignité aux yeux des hommes lorsque ceux-ci se sont mis à le placer sur les autels sanglants qu'ils érigeaient pour plaire à leurs divinités – une mésaventure tragique qui a son pendant dans la prise en compte de la souffrance et du bien-être animal dans un calcul de type utilitariste. Ce bien-être et cette souffrance sont bien comptabilisés dans la recherche de la minimisation de la souffrance globale nette de l'ensemble des êtres sensibles, mais le résultat en est que c'est désormais auréolé de la

100. J.P. Changeux, *L'Homme neuronal*, Fayard, Paris, 1983, p. 211.

légitimité d'une éthique que l'abattage se pratique ! Quoi qu'il en soit, c'est du côté d'une réflexion sur l'histoire culturelle – c'est-à-dire religieuse – de l'humanité que je chercherais la réponse aux questions qui vous préoccupent. J'ai bien peur que les sciences cognitives, du moins dans leur état actuel, ne vous fournissent que des données triviales.

Question : *Comment voyez-vous aujourd'hui les perspectives et l'avenir des sciences cognitives ?*

Jean-Pierre Dupuy : Je ne me hasarderai pas à faire de pronostic. On ne peut nier que l'avènement au XXe siècle d'une science matérialiste et mécaniste de l'esprit aura constitué l'une des plus formidables aventures intellectuelles qui soit, et des plus lourdes de conséquences pour l'avenir de l'humanité. J'ai donc cherché, dans le livre que j'ai consacré aux origines des sciences cognitives, à comprendre les raisons qui ont conduit l'étape inaugurale à un échec, historique et théorique, en dépit de l'enthousiasme des pionniers. J'en tirais une mise en garde à l'endroit des efforts actuels, que je me permets de citer en conclusion. De la cybernétique, j'écrivais ceci :

"*Sans doute était-elle trop impatiente, trop pénétrée de ce qu'elle pensait être sa mission révolutionnaire, trop sûre de représenter l'avant-garde de la science en marche vers des terres nouvelles. Elle se trouve aujourd'hui bien oubliée ou bien mal aimée, injustement. Mais les sciences cognitives sont là qui, encore plus sûres d'elles-mêmes, projettent à leur tour de reconstruire la science de l'homme en faisant table rase de tout ce qui s'est pensé jusqu'à elles. Si l'histoire, héroïque et malheureuse, de la cybernétique doit nous apprendre quelque chose, c'est probablement que, à côté de l'esprit de pionnier, la modestie, le doute raisonné et l'attention, nourrie d'esprit critique, à la tradition sont des vertus indispensables à l'aventure de la connaissance.*"

Pour en savoir plus

Ouvrages de Jean-Pierre Dupuy ayant un lien avec le sujet

. *Ordres et Désordres. Enquête sur un nouveau paradigme*, Paris, Seuil, 1982. 2e édition, 1990.

. *Introduction aux sciences sociales. Logique des phénomènes collectifs*, Paris, Ellipses, 1992.

. *Sciences sociales et sciences cognitives. Limites de la rationalité et nature du lien social*, Cours de l'École Polytechnique, Palaiseau, 1993-1994, édition du bicentenaire.

. *Aux origines des sciences cognitives*, Paris, La Découverte, 1994 ; 2e édition, 1999.

. *Éthique et philosophie de l'action*, Paris, Ellipses, 1999.

. *The Mechanization of the Mind*, Princeton, Princeton University Press, 2000.

En collaboration :

. *L'auto-organisation : de la physique au politique*, Actes du colloque de Cerisy, Paris, Seuil, 1983, 1994 (en collaboration avec Paul Dumouchel).

. *Paradoxes of Self-Reference in the Humanities, Law, and the Social Sciences*, Saratoga (Californie), Anma Libri, 1990 (en collaboration avec Gunther Teubner).

. *Understanding Origin*, Kluwer, Boston Studies in the Philosophy of Science, 1992 (en collaboration avec Francisco Varela).

. *Mécanismes mentaux, mécanismes sociaux. De la psychose à la panique*, Paris, La Découverte, 1995 (en collaboration avec Henri Grivois).

. *Les limites de la rationalité. Vol. 1 : Rationalité, éthique et cognition*, Actes du colloque de Cerisy, Paris, La Découverte, 1997 (en collaboration avec Pierre Livet).

. *Self-Deception and Paradoxes of Rationality*, Stanford (Californie), C.S.L.I. Publications, Stanford University, 1998.

Articles de Jean-Pierre Dupuy

. "Von Foerster's Conjecture. Trivial Machines and Alienation in Systems" (en collaboration avec Moshe Koppel et Henri Atlan), *International Journal of General Systems*, vol. 13, 1987, pp. 257-264.

. "L'Homme machine et les adorateurs du signifiant", *Le Débat*, n° 49, mars-avril 1988, pp. 164-184.

. "Individual Alienation and Systems Intelligence" (en collaboration avec Moshe Koppel et Henri Atlan), in Jean-Louis Roos (ed.), *Economics and Artificial Intelligence*, Oxford, New York, Pergamon Press, 1987, pp. 37-40.

. "Logiques de l'auto-organisation dans les sciences sociales : connaissance et méconnaissance", in Action Locale Bellevue (ed.), *Sens et Place des Connaissances dans la Société*, Éditions du CNRS, 1986, pp. 147-177.

. "L'autonomie du social", *Encyclopédie Philosophique Universelle*, "L'Univers philosophique", PUF, 1989, pp. 254-265.

. "The autonomy of social reality", in K. Boulding et E. Khalil (eds.), *Evolution, Order and Complexity*, Routledge, Londres, 1996.

. "Réponse à Dominique Bourg au sujet de "Cybernétique et Sciences de l'Homme"", *Le Débat*, n° 52, novembre-décembre 1988, pp. 190.

. "Automates, cybernétique et autonomie", in H. Grivois (ed.), *Autonomie et automatisme dans la psychose*, Masson, 1991.

. "Jean-Pierre Dupuy, héraut de la complexité", in G. Guitta-Pasternak (ed.), *Faut-il brûler Descartes* ? La Découverte, 1991.

. "Sciences cognitives et sciences de l'homme", in J.M. Besnier (ed.), *Histoire des idées*, Ellipses, 1996, pp. 115-142.

. "Sur le fonctionnalisme neumannien", *Intellectica*, 21, 1995/2, pp. 255-258.

. "L'Esprit mécanisé par lui-même", *Le Débat*, 1er trimestre 2000.

Table des matières

Ouvrages parus dans la même collection :

Le métier de chercheur
Regard d'un anthropologue
B. Latour, 1995, 96 p.

Les mondes de l'agriculture
Une recherche pour demain
M. Sebillotte, 1996, 258 p.

Société et révolution biologique
Pour une éthique de la responsabilité
A. Kahn, 1996, 96 p.

Entre savoir et décision,
l'expertise scientifique
R. Roqueplo, 1997, 112 p.

L'expérience et le modèle
Un discours sur la méthode
J.-M. Legay, 1997, 112 p.

Les usages sociaux de la science
Pour une sociologie clinique
du champ scientifique
P. Bourdieu, 1997, 80 p.

Les chercheurs et l'innovation
Regards sur les pratiques de l'INRA
1998, 432 p.

La fin du "tout génétique"
Vers de nouveaux paradigmes en biologie
H. Atlan, 1999, 91 p.

Achevé d'imprimer par Corlet, Imprimeur, S.A.
14110 Condé-sur-Noireau (France)
N° d'Imprimeur : 51474 - Dépôt légal : décembre 2000
Imprimé en U.E.